dtv

Viele Menschen reagieren mit Nervosität, wenn sie vor eine Gruppe treten müssen. Der Puls fängt an zu rasen, der Atem wird flach und die Bewegungen werden hektisch. Wer nicht gelernt hat, mit Auftrittsstress umzugehen, bleibt weit hinter seiner persönlichen Bestleistung zurück.

Dieses Buch zeigt erfolgversprechende Wege, um Auftrittsstress in Auftrittsfreude zu verwandeln und aus angstbesetzten Situationen positive Herausforderungen zu machen.

Albert Thiele verrät, wie man sein psychologisches Optimum bei Auftritten findet. Er vermittelt das rhetorische, mediale und argumentative Know-how, das einen zusätzlichen Sicherheitsschub gibt, und macht den Leser mit den Maximen zeitgemäßer Präsentationstechnik vor kleinen und großen Gruppen vertraut. Die Do's und Dont's zur Körpersprache und zur Dramaturgie fehlen ebenso wenig wie Tipps, wie man Kernbotschaften kurz und einprägsam formuliert.

Albert Thiele gilt als einer der besten Präsentations- und Dialektiktrainer Deutschlands. Er entwickelte das renommierte Medientraining für Stress-Situationen, in dem er zusammen mit bekannten TV-Journalisten wie Ulrich Kienzle die Vorstandsebene der deutschen Wirtschaft fit macht für Auftritte vor Kamera und großen Auditorien.

Albert Thiele leitet die Unternehmensberatung Advanced Training, deren Kurse in den letzten 20 Jahren mehr als 25 000 Teilnehmer besuchten. Er ist Autor des Bestsellers „Argumentieren unter Stress" (dtv 34405).

www.albertthiele.de

ALBERT THIELE

PRÄSENTIEREN OHNE STRESS

Wie Sie Lampenfieber
in Auftrittsfreude verwandeln

Deutscher Taschenbuch Verlag

Von Albert Thiele ist im Deutschen Taschenbuch Verlag erschienen:
Argumentieren unter Stress (dtv 34405)

**Ausführliche Informationen über
unsere Autoren und Bücher
finden Sie auf unserer Website
www.dtv.de**

Ungekürzte Ausgabe 2013
Deutscher Taschenbuch Verlag GmbH & Co. KG, München
© 2010 F. A. Z.-Institut für Management-,
Markt- und Medieninformationen GmbH,
Frankfurt am Main
Umschlagkonzept: Balk & Brumshagen
Umschlaggestaltung: Ruth Botzenhardt
Satz: Druckerei C. H. Beck, Nördlingen nach einer Vorlage von Anja Desch
Druck und Bindung: Druckerei C. H. Beck, Nördlingen
Gedruckt auf säurefreiem, chlorfrei gebleichtem Papier
Printed in Germany · ISBN 978-3-423-34784-6

Inhalt

Vorwort

Wie gelingt es, Präsentationen zu halten und dabei – statt Nervosität – sogar Auftrittsfreude zu empfinden? Diese Frage steht im Mittelpunkt dieses Ragebers. Eine positive innere Haltung zum Vortrag ist nämlich eine ganz entscheidende Voraussetzung, um Bestleistung auf der „Bühne" zu erbringen. Je mehr Lampenfieber und Auftrittsstress Ihr Gehirn beherrschen, desto weiter entfernen Sie sich von Ihrem persönlichen Optimum. Dies gilt nicht nur für das Musizieren, das Theaterspielen und den Gesang, sondern genauso für eine Präsentation, einen Vortrag und eine Moderation.

Dieser Ratgeber zeigt Ihnen, wie Sie zu hohes Stressniveau in Auftrittsfreude verwandeln. Dies gelingt zwar nicht von heute auf morgen. Aber mit Willenskraft, Geduld, beharrlichem Üben und neuen Erfahrungen wird Ihre Auftrittsfreude kontinuierlich zunehmen und ein Niveau erreichen, auf dem Sie sich vor Publikum wohlfühlen, und zwar in allen Phasen der Präsentation.

Die Empfehlungen dieses Buches konzentrieren sich auf diejenigen Situationen, die beim Präsentieren erfahrungsgemäß als besonders schwierig und „stressig" erlebt werden. Das dargestellte Know-how ist eine Art „Krisenprävention", das Ihre Sicherheit und Erfolgszuversicht beim Auftritt steigert, weil Sie wissen, wie der Code für exzellente Vorträge aussieht und wie Sie mögliche Schwierigkeiten am besten meistern.

Im einleitenden Kapitel lernen Sie fünf Grundprinzipien kennen, die für rhetorische Bestleistungen vor Publikum unabdingbar sind und die allgemeine Anforderungen an professionelle Präsentationen kennzeichnen: Zielgruppenorientierung, Personalisierung, Emotionalisierung, Fokus auf Kernbotschaften und Visualisierung. Diese Prinzipien prägen alle Phasen des Präsentationsprozesses – wenngleich mit unterschiedlicher Gewichtung.

Dieser Ratgeber bietet Ihnen in acht Kapiteln Praxistipps zu folgenden Fragen:

1. Welche Anforderungen sind an wirkungsvolle Präsentationen zu stellen? Und: Wie wirkt sich Stress auf den Erfolg Ihrer Auftritte aus?

2. Wie kann ich durch Veränderung meiner inneren Haltung Lampenfieber und Nervosität in Auftrittsfreude verwandeln?

3. Wie kann ich durch eine Veränderung meiner äußeren Haltung die Präsentation souverän und glaubwürdig durchführen?

4. Wie kann ich meine Zuhörer fesseln und deren Aufmerksamkeit durchgängig auf einem hohen Niveau halten?

5. Welche Bedeutung haben Kernbotschaften für Präsentationen?

6. Welche Do's und Dont's sind beim Einsatz von Powerpoint und Flipchart zu beachten?

7. Wie leite ich die Diskussion und wie gehe ich gekonnt mit Einwänden, Angriffen und Störungen um?

8. Wie kann ich wichtige Erkenntnisse des Buches im Alltag anwenden und mein Präsentationsverhalten nachhaltig verbessern?

In diesem Buch finden Sie neben dem einschlägigen Know-how zahlreiche Übungen, Merk- und Transferhilfen, die Ihnen die Anwendung der Empfehlungen erleichtern. Betrachten Sie alle Anregungen als Lernangebote und suchen Sie sich diejenigen heraus, die zu Ihren Präsentationsanlässen, zu Ihrer Persönlichkeit und zu Ihren Karrierezielen am besten passen. Denken Sie jedoch beim Verbessern Ihres Präsentationsstils stets daran, dass Sie nur dann erfolgreich sein können, wenn Sie glaubwürdig und authentisch auftreten.

Dieser Leitfaden wendet sich an alle, die Ihre Präsentationstechnik auf den Prüfstand stellen und alle Möglichkeiten ausschöpfen wollen, um die eigenen rhetorischen Potentiale zu entwickeln und Unsicherheiten und Ängste durch Souveränität und Auftrittsfreude zu ersetzen.

Vier Hinweise zum besseren Verständnis der Ausführungen:

- In diesem Buch konzentrieren wir uns auf die persönlichen Erfolgsfaktoren für einen souveränen Auftritt.

- Bei den Praxistipps zu Powerpoint steht im Vordergrund, wie man die wichtigsten Fehlerquellen vermeidet und die Präsentation „hirngerecht" durchführt. Wenn Sie Ihre Kenntnisse zur Powerpoint-Software und zum Präsentationsdesign vertiefen wollen, verweisen wir auf die Hand- und Ideenbücher im Literaturverzeichnis. „Powerpoint" steht stellvertretend für die einschlägigen Präsentationsprogramme, zu denen beispielsweise auch „Keynote" für Apple oder „Magic Point" für Linux gehören.

- Dieser Ratgeber hat eine modulare Struktur. Daher können Sie sich einzelne Kapitel ohne Berücksichtigung der Reihenfolge herausgreifen.

- Aus Gründen vereinfachter Lesbarkeit wird im Text durchgängig die männliche Sprachform gewählt (Manager, Mitarbeiter, Zuhörer usw.), mit der stets beide Geschlechter gemeint sind.

Mein besonderer Dank gilt meinem langjährigen Kooperationspartner Siegmar Saul, meinem Trainerkollegen Bernd Gerbecks, dem Fernseh- und Hörfunkmoderator Helmut Rehmsen sowie dem Journalisten Florian Vollmers für die wertvollen Anregungen und Verbesserungsvorschläge bei der Manuskripterstellung.

Viel Freude beim Lesen dieses Ratgebers!

Dr. Albert Thiele

1 Qualitätsstandards für Präsentationen und Stressmanagement

Nur noch eine Woche, dann ist es so weit: Sie müssen ein Konzept zur Neustrukturierung des Vertriebs präsentieren. Ihr Auditorium: Vorstand und Ressortchefs Ihres Unternehmens. Die zeitliche Vorgabe für Ihren Auftritt: 20 Minuten plus Diskussion. Was geht Ihnen durch den Kopf, wenn Sie an diesen für Sie wichtigen Termin denken?

Vermutlich kreisen Ihre Gedanken um folgende Fragen: Wie komme ich rüber? Werde ich einen kompetenten und souveränen Eindruck hinterlassen? Was mache ich, um mein Lampenfieber in den Griff zu bekommen – beim Vortrag und in der Diskussion? Wie kann ich meine Inhalte motivierend und einprägsam vermitteln? Was sind die Kernbotschaften meiner Präsentation? Mit welchen visuellen Hilfsmitteln kann ich meine Argumentation unterstützen? Wenn ich Powerpoint nutze: Wie viele Charts darf ich maximal in 20 Minuten zeigen? Wie kann ich den Erwartungen der Zuhörer bestmöglich Rechnung tragen?

Je nach Persönlichkeit, rhetorischer Begabung und Erfahrungen mit Präsentationen* werden Inhalte und Schwerpunkte Ihrer Gedankenreise unterschiedlich sein. Und damit natürlich auch das subjektiv erlebte Stressniveau bei der Vorbereitung und später während des Vortrags.

Bevor Sie in den Kapiteln 2 bis 7 das Know-how zu den Schlüsselthemen des Präsentierens kennenlernen, werden zunächst zwei Fragen geklärt, die eng mit dem Buchtitel „Präsentieren ohne Stress" zu tun haben:

1. Welche allgemeinen Qualitätsstandards sichern wirkungsvolles Präsentieren?

2. Wie kommt Auftrittsstress zustande und welche Auswirkungen hat Stress auf Ihre persönliche Leistung beim Präsentieren?

---

* Bei Präsentationen werden im Unterschied zu Vorträgen visuelle oder multimediale Hilfsmittel eingesetzt. Der Einfachheit halber verwenden wir beide Begriffe synonym.

Die folgenden allgemeinen Anforderungen an erfolgreiche Präsentationen sind die Essenz aus „Best Practices" besonders erfolgreicher Redner, einschlägiger Literatur sowie meiner langjährigen Erfahrungen als Managementtrainer und Coach. Diese Anforderungen wurden zu fünf Grundprinzipien (= Qualitätsstandards) verdichtet.

Fünf Grundprinzipien für wirkungsvolles Präsentieren

Es handelt sich um die Prinzipien

1. Zielgruppenorientierung,

2. Personalisierung,

3. Emotionalisierung,

4. Fokus auf Kernbotschaften und

5. Visualisierung.

Nutzen Sie diese übergreifenden Qualitätsstandards, um Ihre Präsentationen zielwirksam und zeitgemäß vorzubereiten und erfolgreich durchzuführen.

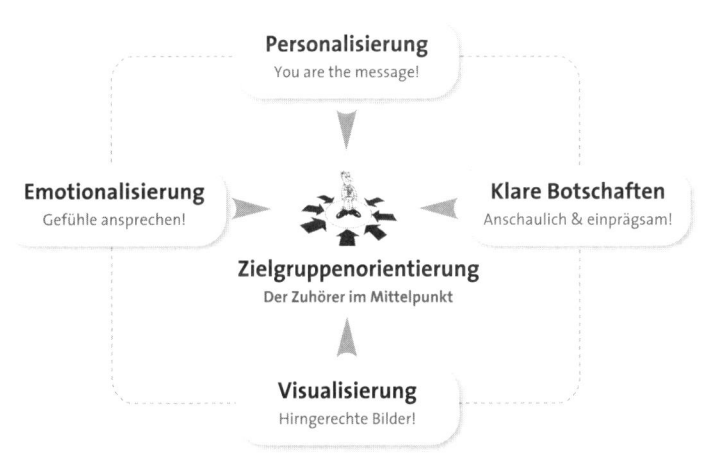

Abbildung 1: Fünf Grundprinzipien für erfolgreiche Präsentationen

1. Zielgruppenorientierung

Jede Präsentation ist Maßarbeit, die auf die Zuhörer abgestimmt sein muss. Achten Sie daher beim Präsentieren darauf, dass Ihr Auftritt mit allen Facetten positiv auf das Publikum wirkt. Die spannende Frage lautet, wie Sie die „Qualitätswahrnehmung aus Sicht der Zuhörer" so beeinflussen können, dass Ihre Zuhörer mit dem Gesamtbild Ihres Auftritts positive Gefühle verbinden: Die Kommunikationspsychologie betont zu Recht, dass die Wahrheit im Kopf der Zuhörer liegt.

Bedenken Sie, dass das gleiche Thema (respektive die gleiche Kernbotschaft) für ein Führungsgremium anders aufzubereiten ist als für Mitarbeiter, für eine Besuchergruppe oder für einen Kundenkreis. Jeder Präsentierende sollte sich daher auf verschiedene Zielgruppen (Anspruchsgruppen) und deren Niveau einstellen können. Empathie und die Fähigkeit zum Perspektivenwechsel sind hierbei unverzichtbar. Nur so ist es möglich, die präsentierte Botschaft an der fachlichen Spezialisierung, dem Vorwissen, den Entscheidungskriterien und Erwartungen der Zuhörer zu orientieren. Geschieht dies nicht, kann es zu fatalen Konsequenzen kommen: Das Publikum hat Verständnisschwierigkeiten, reagiert mit Desinteresse oder schaltet im schlimmsten Falle ab.

Das Prinzip der „Zielgruppenorientierung" steht im Zentrum erfolgreicher Präsentationen und durchzieht daher alle Kapitel des Buches wie ein roter Faden. Es hat einen besonders hohen Stellenwert bei der Vorbereitung der Präsentation (Kapitel 5) und bei der Wahl geeigneter Medien (Kapitel 6).

2. Personalisierung

Bei allen Auftritten personalisieren Sie Ihre Botschaften: Sie geben Ihren Botschaften ein Gesicht, nämlich Ihres. Die Personalisierung kommt einem Wunsch der Zuhörer entgegen: Sie möchten wissen, mit wem sie es zu tun haben, und interessieren sich an erster Stelle für die Persönlichkeit des Vortragenden und erst an zweiter Stelle für die Inhalte.

Dieser Aspekt der Personalisierung lässt sich gezielt beeinflussen und zwar durch die Art und Weise Ihres Auftritts. Damit können Sie auch Ihre eigene Reputation fördern. Sie haben sogar die Möglichkeit, Ihre Präsentationstechnik zu Ihrem ganz persönlichen Markenzeichen und Alleinstellungsmerkmal zu machen. Sie können sich zum Beispiel als kreativer Vordenker, als Koryphäe in Ihrem Fachbereich, als großer Motivator, als durchsetzungsfähige Führungskraft oder als brillanter Entertainer profilieren.

Überlegen Sie sich daher vor Ihrer Präsentation, welches „Gesicht" Sie Ihrem Unternehmen oder Ihrem Verantwortungsbereich geben wollen und welchen Eindruck Sie als „Mensch" beim Publikum hinterlassen möchten. Zu Recht sagen amerikanische Berater den Spitzenkandidaten, die in den Medien oder auf Parteitagen den Wählern ihre Politik vermitteln wollen: „You are the message." Nicht Powerpoint, sondern *der Mensch, der spricht, ist die Botschaft.*

Weiterführende Anregungen und Tipps zum Prinzip der Personalisierung finden Sie insbesondere im zweiten und dritten Kapitel.

3. Emotionalisierung

Sprechen Sie gezielt Gefühle Ihrer Zuhörer an, denn nur dann werden Sie Ihr Publikum fesseln. Bedenken Sie auch, dass beim Zuhörer nicht nur die rationalen Argumente gespeichert werden, sondern und vor allem auch die begleitenden Emotionen, die Sie mit Ihrem Auftritt aktivieren.

Prinzipiell können Sie Ihre Zuhörer emotional dadurch erreichen, dass Sie ihnen signalisieren: „Ich bin von meinem Thema selbst überzeugt! Ich habe den Wunsch, mein Publikum für meine Botschaft zu gewinnen". Dabei sind Ihre Stimme und Ihre Köpersprache Hauptträger der Emotionen und damit letztlich auch Ihrer Glaubwürdigkeit.

Wer erfolgreich präsentieren will, sollte darüber hinaus in der Lage sein, durch eine bildhafte Sprache Emotionen zu wecken. Die moderne Hirnforschung zeigt uns mit Hilfe von Hirnscannern eindrucksvoll, dass bei einer abstrakten Sprache im Gehirn der Zuhörer kaum etwas passiert. Emotionale Beispiele, unterstützende Bilder sowie anschauliche Geschichten hingegen bringen die Neuronen zum Feuern.

Das Prinzip der Emotionalisierung wird vor allem im vierten Kapitel behandelt. Ausführungen zur emotionalen Verfassung des Redners sowie die Wirkung seiner Stimme und Körpersprache finden Sie im zweiten und dritten Kapitel.

4. Fokussierung auf Kernbotschaften

Hierbei geht es um die Fähigkeit, ein komplexes Thema auf zentrale Aussagen (Kernbotschaften) zu reduzieren, die man im Kopf der Zuhörer verankern will. Vom Szenario und den zeitlichen Möglichkeiten hängt es ab, mit wie vielen Aussagen und Details Sie Ihre Kernbotschaften verknüpfen. Die Maxime „Fokussierung auf Kernbotschaften" ist in allen Phasen der Vorbereitung zu beachten.

Für die Wichtigkeit dieses Qualitätskriteriums spricht vor allem ein psychologisches Argument: Je größer die Menge an zu vermittelnder Information, umso aussichtsloser ist es, die Aufmerksamkeit der Zuhörer zu wecken und wichtige Aussagen in deren Gedächtnis zu verankern. Auch der brillanteste Kommunikator hat hierbei stets zwei Faktoren zu beachten: die begrenzte Aufnahmefähigkeit der Zuhörer und seine begrenzte Redezeit.

Wir widmen uns dem Thema „Kernbotschaften" intensiv im fünften Kapitel.

5. Visualisierung

Durch visuelle Unterstützung können Sie Qualität und Wirkung Ihrer Präsentationen deutlich verbessern. Visualisierung ist vergleichbar mit der Gestaltung eines Bühnenbildes bei einer Theateraufführung – es steht nicht im Vordergrund.

Grundsätzlich sind Powerpoint und andere Medien nicht mehr und nicht weniger als Hilfsmittel in der Hand des Vortragenden. Nicht Powerpoint präsentiert, Sie präsentieren! Beachten Sie, dass die gewählten Medien zum Thema, zur Erwartungshaltung Ihrer Zuhörer und zur eigenen Persönlichkeit passen.

Nicht in allen Situationen sind Bildschirmpräsentationen die erste Wahl. Dafür sind die Präsentationsanlässe viel zu breit gefächert. Zum Beispiel bei Gesellschaftsreden, Grußworten, bei politischen Reden oder auch bei Motivationsvorträgen sind Medieneinsätze häufig nicht angebracht oder sogar überflüssig. Im kleinen Kreis am runden Tisch wiederum kann es günstiger sein, anhand einer Tischvorlage zu präsentieren und dadurch den persönlichen Kontakt mit den Zuhörern zu fördern. Schließlich gibt es auch Präsentationen, bei denen Sie Ihre Kommunikationsziele sowohl mit Powerpoint als auch mit Flipchart oder ohne ein Medium erreichen können.

Für Ihre Auftritte benötigen Sie das Rüstzeug für Präsentationen mit und ohne Powerpoint. Lassen Sie sich von vereinzelter Fundamentalkritik an Powerpoint nicht irritieren: Die Zeit von Powerpoint ist nicht vorbei. Wenn Sie zum Beispiel technische Neuerungen vorstellen, wissenschaftliche oder fachmedizinische Vorträge halten oder Hightech-Produkte Ihres Unternehmens präsentieren, ist Powerpoint häufig sogar zwingend erforderlich.

Allerdings ist die Art und Weise, wie Powerpoint genutzt wird, zu überdenken, wie Garr Reynolds in seinem lesenswerten Buch „ZEN oder die Kunst der Präsentation" vorschlägt: Es kommt darauf an, Powerpoint „hirngerecht" einzusetzen und sich von stereotypen Bullet-Charts und elektronischen Folienschlachten zu verabschieden.

Wie Sie Powerpoint-Präsentationen kurzweilig und wirkungsvoll durchführen und die eingesetzten Folien (syn. Charts, Schaubilder) „hirnfreundlich" gestalten, erfahren Sie im sechsten Kapitel.

Mit diesen fünf Grundprinzipien haben Sie eine übergreifende Orientierung zum ersten Teil des Buchtitels „Präsentieren" kennengelernt. Sie erfahren jetzt, was mit dem Attribut „ohne Stress" gemeint ist.

Präsentieren „ohne Stress" – Geht das?

Eine Präsentation wird häufig als bedrohliche Stress-Situation erlebt, wenn der Vortragende die eigenen rhetorischen Fähigkeiten für eine erfolgreiche Präsentation als unzureichend einschätzt. Die psychische Anspannung ist dann besonders groß, wenn man mit sehr hohen Ansprüchen an die eigene Person vor eine Gruppe tritt und dort vermeintlich „kritischen Blicken" ausgesetzt ist. Vor großen Auditorien kann sich dieser Effekt noch verstärken. Ein entscheidender Grund liegt wohl darin, dass man trotz sorgfältiger Vorbereitung nur vermuten kann, wie der Vortrag ankommen und wie das Publikum darauf reagieren wird.

Die Erfahrung zeigt, dass Auftrittsstress und Lampenfieber durch Ängste unterschiedlichster Art verursacht und verstärkt werden können:

- Angst, zu versagen und den Erwartungen der Zuhörer nicht gewachsen zu sein,

- Angst vor der Bühne* und den kritischen Blicken des Publikums,
- Angst, das Publikum nicht zu erreichen und abgelehnt zu werden,
- Angst, nicht als kompetent wahrgenommen zu werden,
- Angst vor Verlegenheitspausen und Blackout.

Kontrollverlust durch Stressreaktion

Im ungünstigsten Fall können sich diese Faktoren gegenseitig hochschaukeln und zu einer Stressreaktion führen. Unser Denkhirn ist dann blockiert. Wir laufen Gefahr, die Kontrolle zu verlieren und in „psychologischen Nebel" zu geraten. Aus Sicht der Hirnforschung sind wir dann nicht mehr in der Lage, ein „denk- oder handlungsleitendes Muster abzurufen" (Gerald Hüther). Verursacht wird dieser Prozess durch Stresshormone, die in bedrohlichen Situationen ausgeschüttet werden und unseren Körper überschwemmen.

Für diese schädigende Überforderung des Organismus hat der Stressforscher Hans Selye den Begriff „Distress" geprägt – im Gegensatz zum (positiven) Eustress, der eine günstige, gesundheitsförderliche Belastung darstellt und sich daher auf Leistung und Motivation stimulierend auswirkt.

Die Konsequenzen des negativen Stress: Es kommt zu Ängsten und zunehmender Anspannung sowie zu physiologischen Veränderungen im Körper, die jeder aus Prüfungen und Extremsituationen kennt: Der Puls rast, der Atem wird flacher, das Sprechtempo steigt, die Stimme rutscht nach oben; wir geraten ins Schwitzen, während die Gestik fahrig wird und die Mimik Unsicherheit signalisiert. Gleichzeitig häufen sich Dehnungslaute wie Ähs, Füllwörter sowie Versprecher und Verlegenheitspausen.

---

* Der Begriff „Bühne" wird im Folgenden weit gefasst und beinhaltet Präsentationen vor großem Publikum genauso wie Auftritte vor kleinen Gruppen.

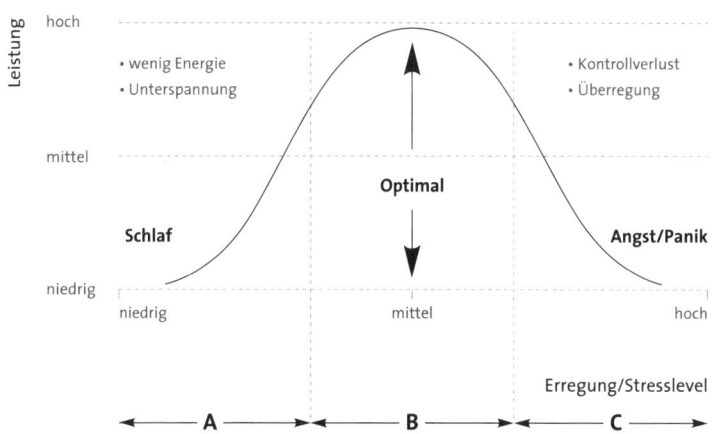

Abbildung 2: Abhängigkeit von Stresslevel und Leistung

Abbildung 2 veranschaulicht, dass die Leistungsfähigkeit des Gehirns vom Stressniveau/Erregungsgrad abhängt. Die Bereiche A, B und C – unten im Bild – stehen für ein niedriges, mittleres und hohes Stressniveau. Die Kurve veranschaulicht, dass sowohl ein niedriges wie ein hohes Stressniveau mit niedriger oder mittlerer Leistung korrelieren.

Mittleres Stressniveau ist optimal

Ein mittleres Stressniveau (Bereich B) bietet die besten Voraussetzungen für einen souveränen und gelassenen Auftritt: für Bestleistung auf der Bühne. Wenn wir im Buchtitel von „Präsentieren *ohne Stress*" sprechen, dann bedeutet das, Präsentieren ohne Distress. Ein gewisses Maß an Erregung und Lampenfieber ist sogar wünschenswert. Positiver Stress hilft uns, alle Kräfte zu mobilisieren und präsent zu sein. Leistungsniveau und Aufmerksamkeit sind im Bereich eines mittleren bis leicht erhöhten Stressniveaus am größten.

Während einer Präsentation kann der erlebte Stress durchaus oszillieren. So steigt die Nervosität in der Regel, wenn Situationen als besonders schwierig eingeschätzt werden. Dazu gehören zum Beispiel die ersten

Minuten des Vortrags, skeptische Blicke oder augenscheinliche Lange-weile der Zuhörer, Unruhe im Auditorium oder kritische Fragen und Störungen. Die Handlungsempfehlungen dieses Buches helfen Ihnen, diese Situationen zu meistern und dadurch durchgängig im Bereich B zu bleiben.

Perfektionismus mindert Souveränität

Perfektionisten laufen Gefahr, leichter unter Stress zu geraten, weil sie wegen des extremen Anspruchsniveaus an die eigene Person sehr ange-spannt sind. Um gelassener und lockerer rüberzukommen, müssen sie oft nur den einen oder anderen Tipp zur Auftrittsfreude beherzigen, um das beste Leistungsniveau – im mittleren Bereich der Abbildung 2 – zu erreichen. Als Gegenstück dazu müsste ein Vortragender, der mit Unter-spannung (Bereich A) auftritt, lernen, ein wenig mehr Energie und Begeisterung zu mobilisieren. So kann er sich ebenfalls in Richtung Optimum bewegen. Die Situation ist zum Beispiel dann gegeben, wenn man einen Vortrag zum x-ten Mal hält oder der (irrigen) Meinung ist, dass das Vortragsthema nicht interessant und kurzweilig gestaltet wer-den kann.

Der Dreh- und Angelpunkt für Ihre Bestleistung auf der Bühne liegt in Ihrer Grundeinstellung zum Auftritt. Diese Dimension liegt weit im Vor-feld der später im Buch behandelten rhetorischen, körpersprachlichen und dramaturgischen Wirkfaktoren. Sie entscheiden mit Ihrer inneren Haltung zum Auftritt, mit welchen Gefühlen Sie vor das Publikum tre-ten. Lassen Sie sich vom großen Stress gefangennehmen oder setzen Sie auf Auftrittsfreude?

Mein Start-Tipp

Machen Sie sich zu Anfang Ihre Leseziele und Ihren Lernbedarf bewusst. Der folgende – nach Kapitel gegliederte – Fragenkatalog hilft Ihnen, Ihre aktuellen Stärken und Ihren Lernbedarf zu erken-nen:

Wie schätzen Sie Ihr Präsentationsverhalten ein?

- Was hindert Sie daran, mit Freude vor Ihr Publikum zu treten?
- Um welche Ängste und Befürchtungen kreisen Ihre Gedanken vor und während der Präsentation?

→ Praxistipps dazu in Kapitel 2

- Was ist Ihr Ritual in den letzten Minuten vor einer Präsentation?
- Wo vermuten Sie Verbesserungspotential a) in Ihrer Körpersprache (vor allem bei Gestik, Mimik und Bewegung) und b) im Bereich Ihrer Stimme und Sprechtechnik?

→ Praxistipps dazu in Kapitel 3

- Inwieweit gelingt es Ihnen, Aufmerksamkeit und Spannung Ihrer Zuhörer auf hohem Niveau zu halten?

→ Praxistipps dazu in Kapitel 4

- Inwieweit machen Sie sich vor Ihren Vorträgen Ihre Kernbotschaften bewusst?

→ Praxistipps dazu in Kapitel 5

- Inwieweit kennen Sie die Qualitätskriterien für einen teilnehmerorientierten Einsatz der visuellen/multimedialen Hilfsmittel?

→ Praxistipps dazu in Kapitel 6

- Inwieweit gelingt es Ihnen, die Diskussion zu leiten und mit kritischen Einwänden, Killerphrasen und Störungen souverän umzugehen?

→ Praxistipps dazu in Kapitel 7

2 Auftrittsfreude – Die innere Haltung

Öffentliche Auftritte kann man als Vergrößerungsglas für das eigene Selbstwertgefühl (Michael Bohne), für Souveränität und Stressresistenz betrachten. Ihr persönliches Stressmanagement muss darauf gerichtet sein, an diesen Faktoren anzusetzen, um aus angstbesetzten Auftritten positive Herausforderungen zu machen. Sie können Ihre Bestleistung bei Vorträgen und Präsentationen nur erreichen, wenn Sie sich beim Auftritt wohlfühlen. Diese emotionale Voraussetzung ist entscheidend, um authentisch, gelassen und überzeugend zu wirken.

Wenn Sie Ihr bestes Leistungsniveau verfügbar haben, ist ein „Auftritt im Flow" möglich. Flow kennzeichnet einen Zustand des Glücksgefühls, in den Menschen geraten, die gänzlich in der (Vortrags-)Tätigkeit aufgehen. Aus einer Bedrohung wird dann eine Herausforderung, aus Angst wird Zuversicht und Engagement. Wir sind dann in der Lage, unsere besten Möglichkeiten auf der Bühne zu zeigen. Wenn wir es geschafft haben, merken wir, dass das Selbstvertrauen, also das Vertrauen in das eigene Wissen und Können, gewachsen ist. Das Erfolgserlebnis macht uns dann stolz und sogar ein wenig glücklich.

Eine spannende Erkenntnis aus der Flow- und Glücksforschung lautet, dass wir die positivsten Gefühle genau dann bekommen, wenn wir erheblichen Anforderungen ausgesetzt sind, die wir aufgrund unserer Fähigkeiten jedoch gut bewältigen können. Sowohl Unter- wie Überforderungen führen zu Unwohlsein, Langeweile oder Ängsten. Flow heißt, dass Sie beim Vortrag vollkommen in Ihrer Tätigkeit aufgehen, ohne an die Wirkung auf das Publikum oder an persönliche Unzulänglichkeiten zu denken; auch Ängste vor kritischen Fragen, vor Verlegenheitspausen oder vor mangelnder Akzeptanz werden völlig ausgeblendet. Sie konzentrieren Ihre gesamte Energie darauf, Ihre Inhalte überzeugend und zuhörerorientiert zu präsentieren.

Erfolgreiche Redner, Präsentatoren und Moderatoren haben eines gemeinsam: Sie verbinden eine ausgefeilte Vortragstechnik mit etwas Zentralem, nämlich mit Auftrittsfreude. Hier liegt das Erfolgsgeheimnis aller großen Redner. Referenzbeispiele in Sachen Auftreten und Rhetorik sind zum Beispiel Steve Jobs, Barack Obama, Helmut Schmidt, Karl Theodor zu Guttenberg oder Ursula von der Leyen. Im Bereich der TV-Moderation gehören dazu Günther Jauch und Claus Kleber.

An dieser Stelle entsteht die Frage: Inwieweit ist es möglich, sich diese Auftrittsfreude anzueignen? Ich bin davon überzeugt, dass Sie diese Fähigkeit genauso erlernen können wie die Techniken des Vortragens und der Rhetorik. Wo Sie dabei genau ansetzen können, zeigt Abbildung 3.

Abbildung 3: Wege zur Auftrittsfreude

Selbstvertrauen und positive Einstellung

Der erste Schritt besteht darin, sich selbst zu akzeptieren. Dies ist eine entscheidende Voraussetzung, um andere Menschen zu überzeugen: Wenn Sie sich selbst nicht akzeptieren, können Sie nicht erwarten, dass andere dies tun! Nur ein Mensch, der Selbstvertrauen hat, kann das Vertrauen anderer gewinnen.

Wer Vertrauen in das eigene Können und die eigenen Soft Skills mitbringt, wird sich auf der Bühne eher wohlfühlen und den Auftritt als
Chance und nicht als Bedrohung wahrnehmen. Die Teile des Gehirns,
die bei Angst heißlaufen, werden – so der Hirnforscher Gerald Hüther –
durch Selbstvertrauen und Selbstakzeptanz runtergekühlt. Selbstvertrauen hemmt Übererregung und fördert die Tendenz zum Flow: Je
mehr Selbstakzeptanz Sie aufbauen, umso sicherer werden Sie sich in
Vortrags- und in anderen Kommunikationssituationen fühlen.

Dazu gehört auch, Ihre Stimme und Ihre Körpersprache anzunehmen.
In meinen Seminaren zeigt sich immer wieder, dass sich Selbstableh-
nung und Unsicherheit wechselseitig bedingen: Je mehr eine Person
glaubt, Stimme und Körpersprache seien ungenügend, umso unsiche-
rer wird sie sich bei ihrem Vortrag fühlen.

Suchen Sie nach Ermutigern in der eigenen Vita

Durchforsten Sie Ihren Lebenslauf nach Verstärkern für Ihr Selbstvertrauen, indem Sie sich fragen, wo Ihre besonderen Stärken liegen, worauf Sie stolz sind, worauf Sie bauen können, wenn Sie Ihre Vorträge halten, und was Ihnen gelungen ist, obwohl Sie vorher unsicher waren.

Insbesondere wenn Sie zu großer Selbstkritik neigen und die Selbsteinschätzung Ihrer Vorträge in der Regel sehr viel schlechter ist als das Feedback von anderen (Fremdbild), lohnt es sich, an einer positiven Meinung
von sich selbst zu arbeiten. Wie die folgenden Beispiele zeigen, können
Ermutiger und Selbstwert verstärkende Erfolge in sehr unterschiedli-
chen Bereichen liegen:

• Ihr Beruf, Ihre Karriere und Ihre Fachkompetenz,

• Ihre Fähigkeit, zu motivieren und für Ideen zu begeistern,

• Ihre Fähigkeit, komplexe Zusammenhänge verständlich darzustellen,

• Projekte und Aufgaben, die Sie mit Bravour gemeistert haben,

• Ihre kommunikativen Fähigkeiten wie Empathie, Zuhören-Können,
Kontaktfähigkeit,

• Ihr Auftreten, Ihr Argumentationsgeschick, Ihre Stimme,

- Ihre körperliche Fitness und Ihr Aussehen,

- Ihre sportlichen Leistungen,

- Ihre Familie und Ihr Freundeskreis,

- Ihr Eigenheim, Ihre finanzielle Situation und andere materielle Faktoren.

Was sind meine Ermutiger?

Nehmen Sie sich ein Blatt Papier und schreiben Sie Ihre „Ermutiger" auf.

Positive Einstellung zur eigenen Person

Selbstvertrauen wird stark beeinflusst durch innere Dialoge. Darunter versteht man Glaubenssätze (= Scripte), die unser Selbstkonzept prägen, also das Denken über uns selbst. Glaubenssätze wirken wie Programmierungen für unser Gehirn und bestimmen zu einem großen Teil, mit welcher inneren Einstellung wir auf eine Bühne gehen.

Welche inneren Dialoge laufen bei Ihnen ab, wenn Sie an Ihren nächsten Auftritt denken? Haben sie mit Gelingen, mit Freude, mit Chancen und Erfolgszuversicht zu tun? Oder sind es negativ geprägte Glaubenssätze, die Selbstzweifel und Lampenfieber befördern? Je mehr Ihre Gedanken um Ängste und Versagen kreisen, umso weiter entfernen Sie sich von Ihrem persönlichen Bestleistungsniveau.

Gift für Auftrittsfreude: Negative Glaubenssätze

Selbstzweifel und Ängste sind häufig die Folge von negativen Glaubenssätzen. Wer sich vor Auftritten von belastenden Gedanken (siehe Kasten) beherrschen lässt, macht sich klein und verliert an Sicherheit – mit der Gefahr, dass Sie ängstlich und zögerlich auftreten.

Beispiele für negative Glaubenssätze:

- Ich darf keine Fehler machen – ich möchte perfekt sein.

- Ich habe Angst vor Kritik und erlebe die Gruppe als Bedrohung.

- Ich habe Angst vor Verlegenheitspausen und einem Blackout.

- Ich habe Angst, nicht als kompetent wahrgenommen zu werden.
- Ich habe Angst, dass man meine Unsicherheit und Nervosität sieht.
- Ich habe nichts Interessantes zu erzählen – ich bin langweilig.
- Ich habe Angst, abgelehnt zu werden.

Was haben diese negativ geprägten Glaubenssätze gemeinsam? Sie produzieren negative Gefühle, mindern Souveränität und erhöhen das Stressniveau. Darüber hinaus läuft im Hirn eine fatale Reizreaktion ab: Sätze etwa wie „Ich habe nichts Interessantes zu erzählen" oder „Ich bin langweilig" aktivieren neuronale Erinnerungsfelder, die mit negativen Emotionen gekoppelt sind. Der Glaubenssatz fungiert als Schlüsselreiz, um sich aus dem Gedächtnis an all die Szenarien zu erinnern, in denen frustrierende Erfahrungen gemacht wurden. Unser Gehirn meldet: Der Auftritt ist gefährlich. Du kannst dich blamieren, kannst Kompetenz einbüßen und abgelehnt werden. Durch diesen Mechanismus erleben wir alle angstbegleitenden Reaktionen, von denen bisher die Rede war. Auch im Bereich der Körpersprache und Stimme. Sie fühlen sich einfach nicht wohl und haben den Wunsch, den Auftritt möglichst schnell hinter sich zu bringen.

Selbstwertreduzierende Glaubenssätze haben häufig mit überzogenen Ansprüchen an die eigene Person zu tun und wurden maßgeblich in der Kindheit und Jugend geprägt. Sie führen zu einem negativen Selbstkonzept, das dem selbstkritischen Denken und den damit gekoppelten Gefühlen mehr Raum gibt als den Faktoren, die Selbstvertrauen und Souveränität positiv beeinflussen. In Feedbackgesprächen erlebe ich häufig, dass sehr selbstkritisch eingestellte Menschen bei der Analyse eigener Vorträge dazu neigen, zunächst einen langen Katalog eigener Unzulänglichkeiten und Fehler zu benennen. Selbst nach gelungenen Auftritten fällt es den meisten schwer, positive Aspekte der eigenen Leistung hervorzuheben.

Wer es mit dem Lernziel „Auftrittsfreude" ernst meint, ist gut beraten, alle Möglichkeiten auszuschöpfen, diese negativen Dialoge ins Positive zu wenden und damit zu einem positiven Selbstkonzept zu gelangen (siehe Abbildung 4).

Die Entwicklung eines positiv geprägten Selbstkonzepts ist von entscheidender Bedeutung, weil Selbstwertgefühl und Selbstvertrauen als „Immunsystem unseres Bewusstseins" (Michael Bohne) interpretiert werden können. Ist es hoch, bleiben wir auch in schwierigen Situationen gelassen: Wir sind geschützt vor Angriffen auf unser Denken und Fühlen. Ist unser Selbstvertrauen niedrig, lassen wir uns leicht verunsichern und das Heft aus der Hand nehmen. Wir entfernen uns dann von einer souveränen und erfolgsmotivierten Grundhaltung und haben verstärkt Redehemmungen.

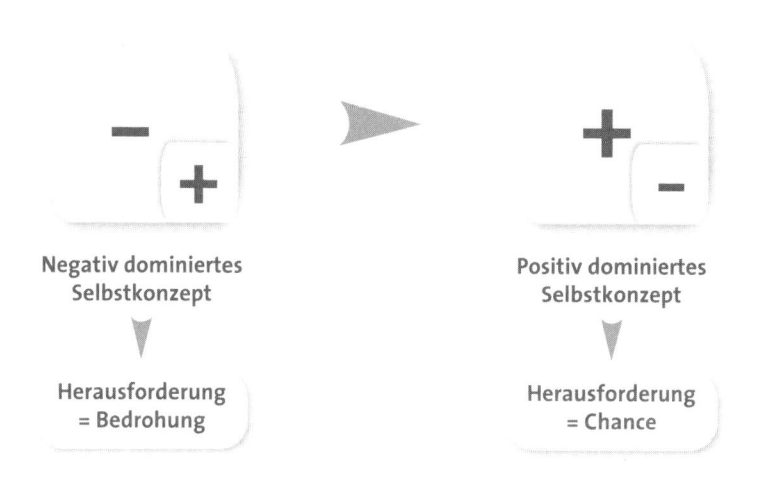

Abbildung 4: Negativ und positiv geprägtes Selbstkonzept mit Auswirkungen

Auch daher lohnt es sich, bei angstbesetzten inneren Dialogen „Stopp" zu sagen und ein negatives, blockierendes Skript durch positive Denkmuster zu ersetzen. Lassen Sie sich von den folgenden positiven Glaubenssätzen inspirieren, um ein persönliches, anschauliches Motto zu finden, von dem ein positiver Schub ausgeht und das Sie vor und während Ihrer Auftritte begleitet. Übrigens: Sie können auch mehrere Glaubenssätze verwenden.

Beispiele für positive Glaubenssätze

- Ab jetzt gönne ich mir, meine Auftritte zu genießen.

- Ich freue mich auf meinen Auftritt und sehe ihn als Chance, meine Zuhörer für meine Ideen zu gewinnen.

- Ich konzentriere mich auf eine perfekte Vorbereitung und genieße entspannt den Auftritt.

- Ab jetzt erlaube ich mir, auch mal Fehler zu machen.

- Ich habe viel Interessantes zu erzählen und nutze die Möglichkeiten, mein Publikum zu fesseln.

- Ab jetzt erlaube ich mir, den Raum auf der Bühne zu nutzen und laut zu sprechen.

- Ich kann gut damit leben, wenn Einzelne mich und meine Inhalte ablehnen.

Ein psychologischer Tipp: Um dem Vergessen entgegenzuwirken ist es ratsam, Ihre Glaubenssätze auf kleinen Merkkärtchen zu notieren und sich mehrmals täglich vorzusprechen. Sie können sich auch durch Ihren Computer oder Ihr Smartphone täglich an Ihre Glaubenssätze erinnern lassen (siehe dazu Seite 126f.).

Positive Einstellung zum Thema

Der Glaube an die eigene Botschaft ist eine entscheidende Voraussetzung für Auftrittsfreude. Wenn Sie nicht selbst hinter Ihrer Botschaft stehen, können Sie nicht erwarten, dass Ihre Zuhörer sie annehmen. Sie kommen am besten rüber, wenn Sie sich zu 100 Prozent mit Ihrem Thema identifizieren und von der Wichtigkeit des Themas überzeugt sind. Bemühen Sie sich um eine Haltung, bei der Sie sich sicher sind, dass das Thema bei Ihnen in guten, vielleicht sogar in den besten Händen ist.

Dieses Gefühl stellt sich vor allem dann ein, wenn Sie Ihre Argumentation durch Ihre Lebenserfahrung, durch Studium oder gründliche Beschäftigung mit einem Thema untermauern können. Am besten ist ein Thema geeignet, das ein Herzensanliegen ist und an dem Sie wirklich interessiert sind.

Geben Sie also viel von sich selbst in die Beweisführung. Sie haben die größere Überzeugungswirkung und Souveränität, wenn Sie nicht aus zweiter Hand argumentieren, also mit Daten, Zahlen und Fakten aus fremden Quellen, die mit Ihnen persönlich wenig zu tun haben. Auch die Aussage: „Das ist vom Vorstand so beschlossen" überzeugt nicht besonders. Sie hinterlassen beim Zuhörer den stärksten Eindruck, wenn Sie Erfahrungen aus erster Hand, also persönliche Gedanken und Bewertungen einbringen.

Ihr Thema beeinflusst Ihre Ausstrahlung

Wie stark die Einstellung zum Thema die Auftrittsfreude beeinflusst, erlebe ich immer wieder in meinen Seminaren: Wenn erfahrene Manager, Ingenieure oder andere Fachexperten ein berufliches Thema vortragen, neigen sie häufig zu einer sehr abstrakt-rationalen Darstellung. Die Inhalte wirken dann fast gleichgültig und mit wenig Enthusiasmus vorgetragen. Die Betroffenen reagieren in den meisten Fällen sehr erstaunt und nachdenklich, wenn ich sie mit der Video-Aufnahme ihres Vortrags konfrontiere.

Wie ausgewechselt hingegen wirken *dieselben* Teilnehmer, wenn sie über ein Thema sprechen, das sie begeistert. Für mich ist es jedes Mal faszinierend zu erleben, wie sich Gestik, Mimik und Persönlichkeit des Vortragenden aufhellen und Dynamik und Modulation in die Stimme kommen.

Suchen Sie im Alltag nach Gelegenheiten, im vertrauten Kreise über ein Thema zu reden, von dem sie selbst begeistert sind oder das Sie zumindest sehr interessant finden. Dies kann zum Beispiel ein persönliches Steckenpferd, ein Reiseland, ein Hobby, eine Vision, eine neue Technologie oder etwas ganz anderes sein. Holen Sie anschließend Rückmeldungen ein. Aufgrund meiner Erfahrungen kann ich Ihnen versprechen, dass Sie über die positiven Rückmeldungen erstaunt sein und durch diese ergänzenden Übungen Fortschritte in Richtung Auftrittsfreude und Ausstrahlung machen werden.

Positive Einstellung zum Publikum

Wenn Sie an Ihr Auditorium denken, welche Assoziationen kommen Ihnen spontan in den Sinn? Denken Sie eher an Freunde oder Feinde? Sind es eher Partner, zu denen Sie sprechen, oder ist es eine „gemischte

Raubtiergruppe", die Sie zur Strecke bringen will? Es liegt auf der Hand, dass die positiven oder negativen inneren Dialoge einen unmittelbaren Einfluss auf Ihr Stressniveau und damit auf Ihr Erscheinungsbild haben. Günstig ist eine partnerschaftliche Einstellung zu Ihren Zuhörern, die von Respekt und Wertschätzung getragen ist. Diese dialogische Basis ist zum Beispiel verletzt, wenn Sie als Vortragender Dominanzgebärden zeigen oder wenn Sie Minderwertigkeitskomplexe an den Tag legen. Arbeiten Sie auch hier daran, negative Scripte durch positive zu ersetzen.

Sorgfältige Vorbereitung – Die Basis für Auftrittsfreude

Mit einer sorgfältigen Vorbereitung legen Sie das Fundament für Ihre Auftrittsfreude. Sie sollten ein gutes Gefühl haben, wenn Sie an die Vorbereitung und Ihr Präsentationskonzept denken. Prüfen Sie bei unzureichender Vorbereitungszeit die Option, den Vortrag gegebenenfalls abzusagen. Wenn Sie dies nicht wollen, sollten Sie zumindest sich selbst gegenüber dazu stehen, dass Ihre Vorbereitung keinen exzellenten Auftritt erwarten lässt. Sie sollten also Ihre Erwartungen an Ihre Präsentation auf ein realistisches Maß herunterschrauben.

Was dabei zu beachten ist und wie Sie sich besonders zeitökonomisch vorbereiten können, erfahren Sie in den Kapiteln 5 und 6.

Neue Erfahrungen

Wenn Sie sich spürbar verbessern wollen, ist „Lernen durch neue Erfahrungen" die beste Möglichkeit dazu. Nur wenn Sie sich dazu entschließen, die eigene „Komfortzone" zu verlassen, also den Bereich, in dem Sie sich besonders sicher fühlen, um anspruchsvollere Herausforderungen anzunehmen, werden Sie beim Präsentieren ein höheres rhetorisches Kompetenzniveau erreichen.

Die Hirnforschung belegt, dass sich unser Gehirn durch neue (Vortrags-) Erfahrungen von alten Prägungen löst, indem es neuronale Verschaltungen aufbaut, die für das neue Verhalten stehen. Das Gehirn schaltet dann – wie der Hirnforscher Gerald Hüther ausführt – einen Mechanismus ein, der diejenigen neuronalen Verschaltungen ausbaut, bahnt und effizienter nutzbar macht, die zur Bewältigung einer Präsentation gebraucht werden. Wenn die Anwendung neuer Präsentationstechniken funktioniert hat – wir also Erfolg erlebt haben –, wird diese neue Erfahrung ins Hirn „eingebrannt". Dies umso mehr, je häufiger wir diese neuen Erfahrungen machen. Dadurch werden wir selbstbewusster und sind von unserer Kompetenz überzeugt, weil wir die Herausforderung gemeistert haben. Neue positive Erfahrungen sind also das beste Mittel, um Stress in Auftrittsfreude zu verwandeln.

Suchen Sie Situationen, vor denen Sie Angst haben, ganz gezielt immer wieder auf. Haben Sie Angst, Vorträge zu halten, halten Sie Vorträge, haben Sie Angst, Verhandlungen zu führen, verhandeln Sie, haben Sie Angst, in Besprechungen das Wort zu ergreifen, melden Sie sich zu Wort, fällt es Ihnen schwer, Geschichten zu erzählen, erzählen Sie Geschichten. Jedes Erfolgserlebnis macht die Angst kleiner und die Lust größer.

Im Kapitel 8 finden Sie weiterführende Anregungen und psychologische Hinweise zur Frage, wie Sie durch neue Erfahrungen und Übungen im Alltag nachhaltige Verhaltensänderungen begünstigen.

Mit eigenen Fehlern wertschätzend umgehen

Formulieren Sie realistische Ziele und vermeiden Sie Perfektionismus. Sonst erleben Sie ständig, den eigenen Ansprüchen nicht gewachsen zu sein. Wichtig ist Wertschätzung sich selbst gegenüber, vor allem bei Fehlern und Problemen, etwa bei Versprechern, Äh-Sagen oder Wortfindungsschwierigkeiten. Ärgern Sie sich während des Auftritts nicht über sich selbst. Dies würde nur die erwähnte emotionale Kaskade in Gang setzen: negative Bilder – negative Gefühle – negative Erinnerungen – und dadurch eine verspannt-ängstliche Körpersprache und Stimme.

Arbeiten Sie an einer kreativen Strategie im Umgang mit Fehlern. Sie können Verlegenheitspausen oder unverständliches Fachchinesisch als Beweis für die eigene rhetorische Inkompetenz interpretieren, sie können Fehler aber auch positiv umdeuten („reframen") und sich vor Augen führen, dass jeder, der neue Erfahrungen macht, Erfolge und natürlich auch Misserfolge hat. Entscheidend ist also, wie Sie Misserfolge sehen und bewerten.

Machen Sie Ihr Selbstvertrauen und Ihre Selbstakzeptanz niemals von einzelnen Erfolgen oder Misserfolgen abhängig. Bringen Sie sich selbst gegenüber stets das gleiche Maß an Wertschätzung entgegen wie Ihren Zuhörern, und zwar unabhängig davon, ob Sie gerade mit Erfolgen gesegnet sind oder nicht. Sie bleiben auch dann ein wertvoller Mensch, wenn Sie bei einem Auftritt nicht Ihre beste Leistung bringen oder gar einen Misserfolg haben. Die erfolgreichsten Redner und Künstler berichten, dass sie aus ihren Misserfolgen am meisten gelernt hätten.

Entwickeln Sie eine Haltung, bei der Sie ganz klar Ihre eigenen Grenzen sehen und diese akzeptieren. Ihre große Entwicklungschance besteht darin, diese Grenzen allmählich zu überwinden, indem Sie Ihre persönlichen Stärken ausbauen und Schwachstellen minimieren.

Keine Angst vor Versprechern

Versprecher oder Verlegenheitspausen sind „Menschlichkeiten", die bei weitem nicht so negativ wirken, wie man meint. Niemand erwartet, dass Sie perfekt sprechen. Im Gegenteil: Sporadische Dehnungslaute und andere sprachliche Unebenheiten können sogar den Eindruck befördern, dass Sie die Gedanken „live" entwickeln und keine vorgestanzten Floskeln benutzen. Angst vor einer Verlegenheitspause ist in der Regel unbegründet. Bedenken Sie, dass Ihre Zuhörer eine Pause von bis zu drei Sekunden noch als dramaturgisches Mittel interpretieren. Erst eine nicht nachvollziehbare Sprechpause von mehr als sechs Sekunden wird als übermäßig lang und im ungünstigsten Fall als Blackout empfunden. Dieser Effekt ist in der eigenen Phantasie schlimmer als in der Außenwirkung.

Ein erster Ansatzpunkt, um die Wahrscheinlichkeit von Verlegenheitspausen zu verringern, liegt in der Vorbereitung. Wenn es trotzdem zu Versprechern oder Verlegenheitspausen kommt, helfen diese Empfehlungen weiter:

- Sprechen Sie sich vorher ein. Wenn Sie vor einem Wortbeitrag länger nicht gesprochen haben, sind Versprecher programmiert. Jeder braucht seine „Betriebstemperatur", um gut zu sprechen.

- Lächeln Sie charmant nach einem groben Versprecher. Und beginnen Sie den letzten Satz noch einmal.

- Nehmen Sie sich humorvoll auf die Schippe. Auch das wirkt auf das Publikum sympathisch.

- Bedenken Sie, dass Ihre Zuhörer Ihr Konzept gar nicht kennen. Sie wissen also nicht, welcher Gedanke als nächstes geplant war. Nutzen Sie bei Wortfindungsschwierigkeiten und Verlegenheitspausen Formulierungen wie:

  - *„Lassen Sie mich anders formulieren …"; „Mit anderen Worten …"*

  - *„Darf ich Ihnen den letzten Gedanken noch einmal verdeutlichen …"; „Ich wiederhole noch einmal …"*

  - *„An dieser Stelle möchte ich die wichtigsten Kernpunkte noch einmal zusammenfassen."*

- Stichworte auf einem Zettel oder auf Powerpoint-Charts helfen Ihnen, beim roten Faden zu bleiben. Falls Sie mit besonders großem Lampenfieber zu kämpfen haben, können Sie mit einem Manuskript arbeiten oder Ihre persönlichen Notizen (nur für Sie sichtbar und nicht für das Publikum) auf dem Bildschirm Ihres Notebooks einblenden.

Mentaltraining

Erfolgreiche Redner, Moderatoren und Künstler nutzen die Möglichkeiten des Mentaltrainings, um mit Erfolgszuversicht, Gelassenheit und Freude aufzutreten. Als wirkungsvoll haben sich folgende Wege herausgestellt.

Erinnern Sie sich an eigene Erfolgserlebnisse

Das Ziel dieser mentalen Technik besteht darin, in einen „Zustand der besten persönlichen Ressourcen" zu kommen. Dazu erinnern Sie sich zurück an einen besonders gelungenen Auftritt aus Ihrer Vergangenheit. Zum einminütigen Mentaltraining setzen Sie sich hin, schließen die Augen und stellen sich eine besonders gelungene Sequenz Ihres Vortrags bildhaft vor. Wenn Sie sich auf diese Weise ein persönliches Erfolgserlebnis bewusst machen, aktivieren Sie im Gehirn die mit Erfolg assoziierten neuronalen Schaltkreise und gleichzeitig die damit gekoppelten positiven Gefühle. Diese inneren Bilder tragen dazu bei, dass Sie mit mehr Ausstrahlung und Zuversicht in die anstehende Präsentation gehen.

Damit Sie Ihren Vorsatz bei Präsentationen nicht vergessen, können Sie mit einer Merkkarte arbeiten (Details auf Seite 39f.).

Spielen Sie kritische Situationen durch

Hierbei geht es darum, diejenigen Situationen vorab zu simulieren, die für Sie neu sind und die Ihre Souveränität gefährden könnten, wie die Einstiegsphase des Vortrags, Geschichten, die Sie an bestimmten Stellen erzählen, Ihre Bewegungen auf der Bühne oder der Umgang mit kritischen Fragen oder Angriffen. Dieses Mentaltraining kann zwar reales Üben und Handeln nicht ersetzen. Es trägt aber dazu bei, das erwünschte Verhalten aufzubauen und eine positive Einstellung zu fördern. Die moderne Hirnforschung liefert ein interessantes Argument für den Einsatz des Mentaltrainings: Im Cortex (Großhirnrinde) werden bei der inneren Visualisierung eines Vortrags die gleichen Neuronenkreise (Spiegelneuronen) aktiviert, wie bei der realen Handlung (siehe z. B. Spitzer 2006 und 2008).

Diese Form des gedanklichen Probehandelns wird seit Jahren mit Erfolg im Hochleistungssport eingesetzt, beispielsweise beim alpinen Ski, beim Rodeln im Eiskanal oder in der Leichtathletik beim Stabhochsprung. Spitzensportler bestätigen, dass komplexe Handlungsabläufe mit Hilfe des Mentaltrainings schneller erlernt und vervollkommnet werden können.

Visualisieren Sie Ihr rhetorisches Leitbild

Entwerfen Sie mit Hilfe Ihrer Vorstellungskraft das überzeugendste rhetorische Leitbild von sich selbst. *So und so möchte ich vor die Gruppe treten, so und so möchte ich „rüberkommen", wenn ich vor Publikum präsentiere.* Dieses Leitbild ist dann besonders wirkungsvoll, wenn Sie verschiedene Sinnesorgane aktivieren: Stellen Sie sich ein überzeugendes optisches Erscheinungsbild und einen hirnfreundlichen Vortrag vor. Koppeln Sie damit die Vorstellung, dass es Ihnen Freude macht, die „Bühne" zu betreten und mit Engagement und Begeisterung die Inhalte darzustellen. Halten Sie dieses eigene rhetorische Leitbild fest und definieren Sie kleine Lernschritte, um sich diesem Bild anzunähern. Es wäre ideal, wenn Sie dabei als positive Zielvorstellung Ihren Selbstwert verstärkenden Glaubenssatz (siehe Seite 26) zugrunde legen. Denn es geht ja darum, sich diese Affirmation so nachhaltig zu verinnerlichen, dass sie Ihre Verhaltensweisen bei realen Auftritten prägt.

Positive Einstellung zum Raum

Mit der Prüfung des Vortragsraumes können Sie viel für Ihre Sicherheit und für einen störungsfreien Verlauf Ihrer Präsentation leisten. Machen Sie sich vertraut mit der Bühne, der Technik und der Perspektive der Zuhörer. Zu beantworten sind beispielsweise diese Fragen: Inwieweit ist die Vortragstechnik verfügbar und funktionsfähig? Wie ist es um die Lichtverhältnisse und die Klimaanlage bestellt? Wie ist die Bühne beschaffen? Wo werde ich stehen und welche Bewegungsmöglichkeiten bietet mir die Bühne? Inwieweit haben die Zuhörer gute Sicht auf mich und meine Medien?

Insbesondere beim Präsentieren vor Großgruppen sind weitere Punkte zu überprüfen: Muss die Höhe des Rednerpults verändert werden? Ist die Rednerposition gut und blendfrei ausgeleuchtet? Welche Art von Mikrofon ist verfügbar? Inwieweit stimmt die Mikrofoneinstellung? Wie sieht es mit einem Headset aus? Denken Sie auch daran, die Empfindlichkeit des Mikrofons durch eine Sprechprobe zu prüfen.

Diese Vorinformationen schaffen zusammen mit den übrigen Faktoren positiven Auftrittserlebens eine gute psychologische Basis, um in einer Gestalterrolle und nicht in einer Opferrolle aufzutreten.

Wenn Sie in der Gestalterrolle vortragen, liegt die Aktivität durchgängig in Ihrer Hand. Sie haben das Gefühl, selbst den Auftritt zu beeinflussen. Sie schreiben das Drehbuch, Sie haben das Ziel, Ihr Publikum zu gewinnen. Sie signalisieren Ihrem Publikum, dass Sie etwas zu sagen haben, dass Ihr Publikum einen Nutzen mitnimmt, dass Sie etwas von Ihrem Erfahrungsschatz weitergeben.

Wenn Sie dagegen passiv und zögerlich-ängstlich auf die Bühne gehen, zeigen Sie unterschwellig, dass Sie sich ausgeliefert fühlen, dass Angst anstelle von Zuversicht und Freude dominiert und dass andere das Gesetz des Handelns bestimmen. Der Vortragende nimmt sich zurück, spricht leise und gleichförmig. Vortragende in Opferhaltung zeigen durch Körpersprache und Stimme, dass sie das Publikum als bedrohlich wahrnehmen und sich nicht wohlfühlen. Durch die Opferhaltung signalisieren Sie den Zuhörern, dass Sie froh sind, den Auftritt schnell hinter sich zu bringen, und dass es für Sie offenbar kein brennender Wunsch ist, die Menschen im Saal für Ihre Ideen zu gewinnen.

100-prozentige Präsenz

Um persönliche Bestleistung zu bringen, kommt es darauf an, vollkommen präsent, also im „Hier und Jetzt" zu sein. „In zeitdichten Schotten" leben, lautet eine Metapher von Dale Carnegie. Dies wäre in heutiger Terminologie „Vortragen in Flow". Dabei blendet der Vortragende alle Aspekte aus, die mit der Vergangenheit zu tun haben, also etwa Befürchtungen, die man vor dem Auftritt hatte, oder Bedenken bei der Gestaltung bestimmter Charts usw. Das gleiche gilt für Themen, die in der Zukunft liegen, also das Ende des Auftritts (viel oder wenig Applaus), die kommenden Abschnitte des Vortrags oder die Diskussionsphase mit vielleicht kritischen und unsachlichen Fragen. Achten Sie auch darauf, dass Sie Ihren Aufmerksamkeitsfokus nicht zu stark auf Ihre eigene Befindlichkeit (Herzklopfen, feuchte Hände, Outfit usw.) lenken, oder darauf, wie die Zuhörer (Ihre Kollegen, Vorgesetzte, Freunde usw.) wohl Ihren Vortrag erleben. Wie es im Flow-Konzept heißt, ist das bewusste Erleben des Augenblicks ein wichtiger Erfolgsfaktor, wenn wir eine sehr gute Leistung erbringen wollen. Ihre mentale Kapazität muss Ihnen zu 100 Prozent zur Verfügung stehen, wenn Sie reden, argumentieren, präsentieren oder Bestleistungen erbringen wollen in Sport, Medien oder Musik.

Es wird Ihnen leichter fallen, wenn Sie Ihre Gedanken am Tag des Auftritts nicht ausschließlich um den Vortrag kreisen lassen. Wenn Sie den ganzen Tag nur noch an Ihre Veranstaltung denken, wird der Auftritt in der eigenen Psyche künstlich überhöht und erhält eine exponentielle Bedeutung. Der Auftrittsängstliche glaubt dann – wie es Michael Bohne ausdrückt –, das Leben gehe nach dem Vortrag nicht weiter. Ähnlich wie beim Zahnarztängstlichen, dessen Welt im Backenzahn verschwindet.

Es entlastet daher Ihre Psyche, wenn Sie dem Motto folgen: „Bei der Vorbereitung fokussiere ich auf Perfektion" – mit den höchsten Ansprüchen an die eigene Person und an das Übungsprogramm. Am Tag des Vortrags hingegen ist eine gewisse Gleichgültigkeit dem Erfolg gegenüber wünschenswert, damit man entspannt den Auftritt genießen kann. Nehmen Sie sich den extremen Druck und richten Sie Ihre Kraft ganz auf die Sache.

Fazit

Vorträge im Flow sind nur in der Gestalterrolle möglich. Sie freuen sich auf die Chance, Ihr Publikum durch den Einsatz rhetorischer und dramaturgischer Mittel für die eigenen Ideen zu gewinnen.

Auftrittsangst lässt sich mit Hilfe der beschriebenen Empfehlungen spürbar reduzieren, so dass Sie gute Voraussetzungen für persönliche Bestleistung und Auftrittsfreude sicherstellen. Allerdings ist diese psychologische Komponente nur ein Erfolgsfaktor. Hinzukommen müssen eine tragfähige Botschaft und fachliche Kompetenz des Vortragenden.

Wenn man bei seinen Vorträgen nichts mitzuteilen hat, ist Auftrittsangst durchaus sinnvoll. Denn sie signalisiert dem Vortragenden, dass er zu wenig zu sagen hat, um vor das Publikum zu treten. Wer allerdings gute Fachkompetenz mitbringt, spannende Geschichten zu erzählen hat und wichtige Inhalte kurzweilig darstellen kann, wird mit Auftrittsfreude präsentieren.

Im folgenden Kapitel geht es um die Frage, wie Sie durch gekonnten Einsatz von Körpersprache und Stimme beim Publikum punkten können.

3 Der souveräne Auftritt – Die äußere Haltung

Eine entscheidende Voraussetzung für souveräne Präsentationen haben Sie im vorherigen Kapitel kennengelernt: Auftrittsfreude. Diese innere Haltung beeinflusst maßgeblich Ihre Ausstrahlung und Wirkung. Auftrittsfreude zeigt sich vor allem in Ihrer Körpersprache, Mimik und Gestik, in der Art und Weise, wie Sie sich auf der Bühne bewegen, sowie in Ihrer Stimme und in Ihrem Sprechverhalten. Diese „äußeren" Aspekte Ihres Präsentationsverhaltens werden nachfolgend behandelt.

Die letzten Minuten vor dem Auftritt

Wenn Ihr Auftritt näher rückt, steigt vermutlich Ihr Adrenalinspiegel und verursacht ein gewisses Maß an Stress. Darüber sollten Sie sich freuen, denn diese Körperreaktion signalisiert Ihnen, dass Sie sich anstrengen und Respekt vor dem Publikum haben. Außerdem ist ein gewisses Maß an Aufregung in derartigen Situationen durchaus erwünscht, um eine gute Figur zu machen.

Wir empfehlen Ihnen, die folgenden Punkte abzuarbeiten, damit Sie mit einem guten Gefühl vor das Publikum treten können.

Einsatzbereitschaft Ihrer Unterlagen und Medien sichern

Checken Sie bei Präsentationen mit visueller Unterstützung, ob die Medien (Notebook und Beamer) einsatzbereit sind, damit Sie ohne zusätzliche Handgriffe mit dem Vortrag beginnen können. Der Computer sollte hochgefahren sein, bevor die Teilnehmer den Raum betreten.

Bei Vorträgen ohne Rednerpult: Wo kann ich mein Notebook, meine Vortragsunterlagen usw. platzieren? Legen Sie Ihre Utensilien wie Manuskript, Stichwortkonzept, Hand-out, Zeigehilfe, Laserpointer usw. an

„feste" Plätze. Dies erspart Ihnen beim Vortrag lästiges Suchen und gibt Ihnen zusätzlich Sicherheit.

Tief durchatmen

Bei großer Aufregung hilft tiefes Ein- und Ausatmen nach der 3-5-7-Methode: 3 Sekunden einatmen, 5 Sekunden den Atem anhalten und 7 Sekunden langsam ausatmen. Das langgezogene Ausatmen ist ein hervorragendes Mittel, um großen Stress abzubauen und einen klaren Kopf zu bekommen. Wiederholen Sie bei großer Anspannung diese Übung einige Male.

Zwei ergänzende Hinweise für einen klaren Kopf: Bringen Sie Ihren Kreislauf in Schwung, etwa durch einen Spaziergang, dosiertes Treppensteigen oder einfache gymnastische Übungen (z. B. auf der Stelle treten). Dies ist vor allem nach einer langen Anreise wichtig. Essen Sie vor dem Auftritt möglichst wenig und begrenzen Sie Ihren Kaffeekonsum. Zu viel Koffein kann Ihre Nervosität verstärken.

Outfit überprüfen

Checken Sie Ihr äußeres Erscheinungsbild. Holen Sie sich hierzu Feedback von einer Person Ihres Vertrauens. Schauen Sie zur Selbstkontrolle vorher in den Spiegel (Details auf Seite 41f.).

Sprechen Sie sich warm

Damit Sie zu Beginn des Vortrags keinen Kaltstart erleben, gibt es ein bewährtes Mittel: Sprechen Sie sich die ersten Sätze halblaut vor, um auf die richtige „Betriebstemperatur" zu kommen. Jeder TV-Moderator wird Ihnen bestätigen, dass er sein festes Warming-up-Ritual hat, um seine Stimme auf eine Live-Sendung vorzubereiten. Mögliche Übungen finden Sie auf Seite 128ff.

Ein paar persönliche Worte mit eintreffenden Zuhörern haben eine ähnliche Wirkung und helfen Ihnen darüber hinaus, vor dem Vortrag in Kontakt mit dem Publikum zu kommen.

Stimmen Sie sich positiv ein

Zu jedem Auftritt sollte eine „Bordsteinminute" gehören, in der Sie einen Augenblick innehalten und sich positiv einstimmen. Sie können beispielsweise Ihre positiven Glaubenssätze im Selbstgespräch formulieren. Wenn Sie keinen individuellen Glaubenssatz verfügbar haben, helfen auch diese vier Formeln, die Sie sich nacheinander innerlich vorsagen: „Ich freue mich, dass ich hier bin"; „Ich freue mich, dass Sie hier sind"; „Ich bin ganz für Sie da"; „Ich habe den Wunsch, Sie für meine Botschaften zu gewinnen".

Dadurch bewirken Sie zweierlei: Sie bauen eine gewisse Distanz zur Hektik des Alltags auf und verbessern Ihre persönliche Wirkung. Mit dieser Bordsteinminute können Sie auch Ihren Gesichtsausdruck positiv beeinflussen. Im vorherigen Kapitel haben Sie gelesen, dass Erfolgszuversicht und Ausstrahlung auch davon abhängen, wie positiv Sie über sich und Ihren Auftritt denken.

Überzeugen durch Körpersprache

In diesem Abschnitt erfahren Sie, wie Sie durch Auftreten und Körpersprache die Wirkung Ihres Vortrags verstärken. Zu dieser nonverbalen Dimension gehören positiver Gesichtsausdruck und sicherer Stand genauso wie eine engagierte und offene Gestik, durchgängiger Blickkontakt zum Publikum sowie ein motivierter und zielgerichteter Standortwechsel auf der Bühne.

Feedback einholen

Jeder Redner hat seinen „blinden Fleck", das heißt, er weiß nicht genau, wie er auf andere wirkt; speziell in der Einstiegsphase seines Vortrags. Bitten Sie daher Menschen Ihres Vertrauens, Ihnen ehrlich und offen zu sagen, wie sie Ihre Mimik und Ihre gesamte Körpersprache erleben. Dieses Feedback ist im Zusammenspiel mit einer Videokontrolle eine unverzichtbare Hilfe, um zu einer realistischen Selbsteinschätzung zu kommen. Sie haben den größten Nutzen, wenn Sie den Einstieg Ihres realen Vortrags simulieren und dazu eine Rückmeldung einholen.

Freundlicher Gesichtsausdruck

Wer seine Zuhörer für sich gewinnen will, sollte ihnen einen freundlichen und offenen Gesichtsausdruck zeigen, und zwar bereits beim

Gang zum Vortragspult. Ihre Präsentation beginnt nicht erst, wenn Sie vor der Gruppe das Wort ergreifen, sondern bereits in dem Augenblick, in dem Sie den Vortragsraum betreten: Das Publikum nimmt Sie stets ganzheitlich wahr und registriert daher auch, wie Sie sich vor dem Vortrag verhalten, beispielsweise, wie Sie zum Podium gehen.

Viele Redner machen sich den Zusammenhang zwischen ihrer inneren Einstellung und dem Gesichtsausdruck nicht klar. Insbesondere dann, wenn sie ein sehr hohes Anspruchsniveau an die eigene Person haben und dadurch hoch konzentriert sind. Dies führt jedoch häufig zu einer Übererregung im Gehirn – mit der fatalen Konsequenz, dass der Redner unbewusst die Stirn in Falten legt, die Augenbrauen zusammenzieht und dadurch einen ernsten, kritischen Gesichtsausdruck bekommt. Dieses Bild wirkt dann nachdrücklich auf Ihr Publikum: Der Redner guckt ernst und unfreundlich! Für die Zuhörer gibt es kommunikationspsychologisch nur „eine Wahrheit". Und das ist die Wirkung, die von Ihrer Körpersprache und von Ihrem Gesamtverhalten ausgeht. Die Zuhörer kennen ja nicht die Prozesse, die hinter der Stirn des Vortragenden ablaufen.

Das Dilemma: Weil der erste Eindruck prägend ist, werden die meisten Zuhörer vermutlich aufgrund des negativen Schlüsselreizes „ernster, kritischer Gesichtsausdruck" weitere Assoziationen anschließen wie „Das wird ein sachlicher Vortrag, der vermutlich keinen Spaß macht." „Der Redner strahlt keine Zuversicht und Begeisterung aus." „Das wird eine ernste Angelegenheit." „Der Redner wirkt emotional zurückgenommen – unbewegt und sachlich." Bei dieser Erwartungshaltung der Zuhörer ist es wahrscheinlich, dass der Redner während seines Vortrags mit Skepsis, Unruhe und Widerspruch rechnen muss.

Es wäre schade, wenn Sie auf diese Weise ein Bild beim Zuhörer erzeugen, das im Widerspruch zu Ihrer persönlichen Marke oder zu dem „Gesicht" steht, das Sie Ihrem Unternehmen und Ihrem Verantwortungsbereich geben wollen.

Eine Merkkarte für einen freundlichen Gesichtsausdruck

Notieren Sie auf der ersten Karte Ihres Präsentationsskripts eine Situation in Ihrem Leben, die Sie in eine positive Stimmung versetzt und zum Lächeln gebracht hat: Ein gelungener Auftritt, eine kuriose Geschichte, ein Erfolgserlebnis, Applaus nach einem Vortrag, ein freudvoller Moment mit Ihrer Familie oder Ähnliches. Als Notiz reicht je nach Inhalt ein Schlüsselwort, ein Foto oder Ihr Minierlebnis in drei Sätzen. Kurz vor Ihrem Auftritt werfen Sie einen Blick auf diese Karte, erinnern sich einige Sekunden zurück und wecken dadurch die mit Ihrem schönen Erlebnis gekoppelten positiven Gefühle. So wird es Ihnen leichter fallen, lächelnd vor Ihr Publikum zu treten.

Der Weg nach vorn

Gehen Sie selbstsicher und zielstrebig auf die Bühne zum Referententisch oder Rednerpult. Soweit noch nicht geschehen, legen Sie dort zunächst in Ruhe Ihr Manuskript ab. Nehmen Sie nun mit einem Lächeln Blickkontakt zu Ihren Zuhörern auf und zeigen Sie durch ein freundliches Gesicht, dass Sie sich freuen, mit ihnen zusammen zu sein.

Jetzt treten Sie ein paar Schritte nach vorn, so dass Sie im vorderen Bereich der Bühne stehen. Wenn Sie dabei Ihnen bekannte Teilnehmer anschauen, gibt Ihnen das zusätzlich ein gutes Gefühl. Machen Sie eine kleine Pause, bis im Zuhörerraum Ruhe herrscht.

Sobald Ruhe im Plenum eingekehrt ist, beginnen Sie nach einer kurzen Begrüßung mit einem starken Eröffnungsstatement. Hierbei können Sie einen Icebreaker nutzen, um zum Thema hinzuführen, oder sofort mit dem Thema beginnen (Details hierzu im vierten Kapitel).

Nach der Einleitung starten Sie Ihre Präsentation – je nach Szenario entweder vom Referententisch oder vom Rednerpult aus. Wenn Sie eine Fernbedienung nutzen oder einen Assistenten haben, der die Folien einblendet, können Sie ein paar Schritte zur Seite treten und von dort mit dem Thema starten.

Barack Obama führt uns in seinen Reden eindrucksvoll vor Augen, wie man durch Körperbewegungen und äußere Erscheinung von Anfang an einen gewinnenden Eindruck macht. So bei seiner berühmten Rede auf dem Nominierungsparteitag der Demokraten am 28. August 2008: Obama kommt lächelnd und mit entschlossenem Gang auf die Bühne, breitet die Arme aus und winkt den 80.000 Zuschauern in Denver zu. Er klatscht mit dem Publikum und signalisiert den Menschen zu diesem frühen Zeitpunkt „Ich mag Euch". Er tritt dann ans Rednerpult, steht dort, immer noch lächelnd und mit beiden Füßen fest am Boden, in einer aufrechten, lockeren Haltung. Obama wartet mit dem Anflug eines Lächelns, bis der Beifall nachlässt. Dann holt er tief Luft und beginnt seine berühmte Rede (vgl. Leanne, Seite 212).

Merkpunkte auf einen Blick

- Stimmen Sie sich positiv ein (Bordsteinminute)

- Treten Sie ruhig und selbstsicher vor das Publikum

- Machen Sie eine kurze Pause (Tiefenatmung gegen Stress!)

- Lächeln Sie!

- Achten Sie auf einen sicheren Stand

- Wählen Sie eine aktive Grundposition für die Gestik

- Sprechen Sie anfangs eher langsam

- Vermeiden Sie Entschuldigungen und Verlegenheitsgesten

Exkurs: Seriöses Erscheinungsbild sichern

Ihre Kleidung ist Ihre Visitenkarte und wird während Ihrer gesamten Präsentation – ähnlich wie Körpersprache und Stimme – ständig „unterschwellig" wahrgenommen. Daher muss Ihr äußeres Erscheinungsbild stimmen. Kleiden Sie sich deshalb seriös, dezent und gepflegt. Bleiben Sie dabei jedoch authentisch, indem Sie nur solche Kleidung wählen, in der Sie sich wohlfühlen: Für Männer und Frauen gilt gleichermaßen, dass die Qualität Ihrer Kleidung und etwaige Accessoires Ihre Position und Ihren Persönlichkeitstyp unterstreichen sollten. Vermeiden Sie in jedem Falle Nachlässigkeiten. Bei Bedarf kann eine Stilberatung hilfreich sein.

Ihre Schuhe sollen zur Kleidung passen und sauber sein. Achten Sie auf eine gepflegte Frisur und saubere Fingernägel. Rasierwasser und Parfum sollen dezent sein. Frauen sind gut beraten, auf Extreme bei Make-up und Schmuck zu verzichten.

Ein zu kurzer Rock und auffallend-grelle Farben können Ihren Sympathiewert negativ beeinflussen und die Aufmerksamkeit des Publikums senken. In diesem Zusammenhang spricht man vom „Vampir-Effekt". Das gilt beispielsweise auch für billige Schuhe, zu kurze Hosenbeine („Hochwasser"), weiße Strümpfe oder Strümpfe mit auffallenden Motiven.

> **Vermeiden Sie alle Extreme, die ablenken könnten. Kleiden Sie sich im Zweifel ein wenig besser als der Durchschnitt der Zuhörer.**

Sicherer Stand

Bei den meisten Präsentationen können *Sie* entscheiden, wo Sie stehen und wie Sie sich vor dem Publikum bewegen. Sie strahlen Ich-Stärke und Souveränität aus, wenn Sie sicher stehen und sich nicht hinter einem Tisch oder einer anderen Barriere „verstecken". Ihre Präsenz ist am stärksten, wenn Sie im Zentrum der Bühne stehen und damit im Zentrum des Interesses – frei und für alle sichtbar (siehe Abbildung 5; Seite 49).

Das ist jedoch nicht in jeder Präsentationssituation möglich und nicht in jedem Fall angebracht. In Zweifelsfällen hilft auch hier die Faustregel: Verhalten Sie sich situationsgerecht und tragen Sie den Erwartungen der Zuhörer Rechnung.

Achten Sie darauf, dass der Schwerpunkt über beiden Beinen im Bauch-Becken-Raum liegt. Günstig für Ihr Atmen und für Ihre Ausstrahlung ist, wenn Ihre Füße schulterbreit auseinander stehen und die Knie nicht durchgedrückt sind. (Bei Frauen ist es günstig, wenn die Füße weniger weit auseinander stehen). Diese Haltung signalisiert, dass Ihre Ideen und Argumente, die Sie „vom Kopf aus" vortragen, eine tragfähige Basis im sicheren Stand haben. Übrigens: Wir fühlen uns in dieser Haltung sicherer, weil unser Körperschwerpunkt hierbei besonders gut ausbalanciert ist.

Vermeiden Sie einen breitbeinigen Stand, weil dieser häufig mit Platzanspruch und Dominanzgehabe in Verbindung gebracht wird.

Engagierte und offene Gestik

Sie werden glaubwürdiger erlebt, wenn Sie sich authentisch verhalten und Ihre Körpersprache zum Gesagten passt: Was Sie sagen, muss mit Ihrem jeweiligen Verhalten harmonieren. Das wird immer dann der Fall sein, wenn Sie Gestik und Mimik nicht „machen", sondern zulassen. Schauen Sie sich deshalb keine Gesten oder Gebärden von anderen ab.

Verhalten Sie sich echt und situationsgerecht.

Insbesondere der Einsatz Ihrer Gestik zeigt Ihren Zuhörern, dass Sie hinter dem stehen, was Sie sagen, dass Ihnen das Thema besonders am Herzen liegt. Wenn Sie wirklich überzeugt sind, kommt die Gestik von selbst. Dabei kommen Sie am besten rüber, wenn Sie Ihre Gestik einfach geschehen lassen und wenn Sie zu Ihrem individuellen Rhythmus stehen: Wenn Sie temperamentvoll sind, setzen Sie mehr Gestik ein; wenn Sie ein ruhigerer Typ sind, bewegen Sie sich langsamer und setzen Sie Ihre Körpersprache zurückhaltender ein.

Bedenken Sie, dass Ihre Zuhörer Ihren Aussagen zunächst blind vertrauen müssen. Schließlich haben sie während der Präsentation weder Zeit noch Gelegenheit, Ihre Beweismittel auf Tragfähigkeit hin zu prüfen. Im Zweifel werden sie sich fragen, ob Sie ihnen vertrauenswürdig und fachkundig erscheinen und ob Sie hinter Ihren Aussagen stehen. Ihre emotionale Ausstrahlung, Persönlichkeit und Rhetorik werden umso stärker zur Beurteilung herangezogen, je weniger die Zuhörer die Richtigkeit Ihrer Thesen nachvollziehen können.

Aktive Grundposition der Hände

Jeder Vortragende benötigt eine natürlich und entspannte Grundposition für seine Gestik. Am günstigsten ist eine angewinkelte Haltung der Hände in Hüfthöhe, dem sogenannten „neutralen" Bereich. Das ist vom Ansatz her die Grundposition, die Sie bei Angela Merkel beobachten können, wenn Sie bei ihren wöchentlichen Videobotschaften mit den Händen ein offenes Sitzdach (= „Kirchturmstellung") formt. Wie diese – vielleicht ein wenig gleichförmige – Haltung im Bewegtbild aussieht, sehen Sie im Internet unter www.bundeskanzlerin.de, Rubrik „Podcasts". Es gibt weitere Optionen, um Ihre Hände in diese angewinkelte Position zu bringen. Sie können zum Beispiel

- die Hände entspannt über- oder gegeneinander halten,

- eine Hand in die andere legen oder

- ein Stichwortkonzept oder eine Fernbedienung in eine Hand nehmen.

> **Halten Sie Ihre Hände angewinkelt etwa auf Höhe des Bauchnabels (Grundposition). Dies signalisiert Sicherheit und Handlungsbereitschaft.**

Diese Grundhaltung bietet sich auch in den Situationen an, in denen Sie Ihre Gestik zurücknehmen, zum Beispiel, wenn Sie unmittelbar vor Redebeginn warten, bis Ruhe im Auditorium eingekehrt ist, wenn Sie schweigend ein projiziertes Bild wirken lassen oder wenn Sie in der Diskussion Fragen aus dem Publikum entgegennehmen.

Weitere spezielle Praxistipps für eine engagierte und wirkungsvolle Gestik:

- Ihre Gestik sollte nicht zu gleichförmig und stereotyp wirken: Erweitern Sie daher Ihr Repertoire durch den Einsatz ikonischer Gesten. „Ikonisch" bedeutet, dass Sie mit den Händen die Wirklichkeit in irgendeiner Form abbilden. Beispiele:
    - Fingergestik: erstens, zweitens, drittens ...,
    - Auf der einen Seite ..., auf den anderen Seite ...,
    - Hinweise darauf, wie klein oder wie groß etwas ist,
    - für mich ... (Hand weist auf die eigene Person); für Sie ... (Hand weist auf die Zuhörer),
    - das Ganze (Hände formen einen Kreis),
    - eine große Herausforderung (ausholende Gestik).
- Vermeiden Sie Verlegenheits- und Stressgesten, zum Beispiel
    - dauerhaft verschränkte Arme, Hände in den Hosentaschen, hektische und „affektierte" Gesten, mit den Händen „kneten", mit Fingern oder Zeigestab auf Menschen zeigen, mit der Brille „spielen", an der Kleidung „fummeln", ständiges Händereiben.
- Bedenken Sie, dass kleine Gesten oft unsicher und ängstlich wirken, während große – weit ausholende – Bewegungen eher Sicherheit und Souveränität ausdrücken. Vorsicht: Vermeiden Sie Überheblichkeit!

Hier noch eine Empfehlung für Situationen, in denen Sie auf der Bühne eine Zeitlang neben einem Moderator oder Einlader stehen, der Ihren Vortrag ankündigt. Viele Redner erleben diese Phase als unangenehm, weil sie warten müssen und nicht genau wissen, wie sie sich in dieser Zeit verhalten sollen.

Achten Sie zunächst auch hier auf einen sicheren Stand und eine aktive Grundposition der Hände. Ich empfehle Ihnen, entweder einen Gegenstand (Fernbedienung, Kärtchen o. Ä.) in die Hand zu nehmen oder beide Hände angewinkelt in Hüfthöhe zu halten. Nutzen Sie darüber hinaus diese Zeit, um lächelnd Kontakt mit den Zuhörern aufzunehmen. Schenken Sie dem Moderator eine Weile Blickkontakt und schauen Sie dann ruhig in das Publikum.

Blickkontakt – Der Schlüssel zum Gelingen

Große Kommunikatoren halten deutlich mehr Augenkontakt zum Auditorium als durchschnittliche Redner. Beispiel Steve Jobs: Er hielt bei seinen Auftritten fast ständig Blickkontakt zum Publikum. Nur selten schaute er auf die Charts. Wenn er kurz zur Leinwand blickte, richtete er seine Aufmerksamkeit unmittelbar zurück zum Zuhörerkreis. Untersuchungen belegen die These, dass ruhiger Augenkontakt in Zusammenhang gebracht wird mit Glaubwürdigkeit, Einfühlungsvermögen und Vertrauenswürdigkeit. Wer Blickkontakt vermeidet oder häufig unterbricht, wirkt wenig vertrauensvoll und führungsschwach.

Der Apple-Chef konnte auch wegen seiner sorgfältigen Vorbereitung und wegen des klugen Medieneinsatzes perfekten Blickkontakt zum Publikum halten. Er wusste genau, was auf den Folien steht und was er zu den einzelnen Schaubildern sagt. Die Folien waren einfach und bildhaft. Häufig waren gar keine Wörter auf den Slides – nur Fotos. Wenn Wörter enthalten waren, dann wenige – häufig nur ein einziges Wort auf einem Schaubild.

Übrigens ist Blickkontakt zum Publikum auch aus einem anderen Grund notwendig: Denn nur so können Sie während des Vortrags erkennen, wie Ihre Ausführungen bei den Zuhörern ankommen. Schenken Sie dabei den Entscheidern, Schlüsselpersonen und informellen Führern in der Gruppe besondere Aufmerksamkeit. Es ist ein „Muss" für jede Präsentation, diese Fragenkreise laufend im Blick zu haben:

- Inwieweit sind Akzeptanz und Interesse beim Zuhörer gegeben?
- Deuten Signale auf Widerspruch oder nachlassende Aufmerksamkeit hin?
- Gibt es Anzeichen für Verständnisprobleme?

Informationen hierüber erhalten Sie in Form von nicht sprachlichen Signalen, wie etwa Unruhe in der Gestik, plötzlicher Haltungswechsel wie Zurücklehnen, abreißender Blickkontakt, fragende Mimik. Auch sprachliche Rückmeldungen – wie Fragen, Einwände, unsachliche Angriffe, Untergespräche, Zwischenrufe oder Störungen – signalisieren Ihnen, dass die Aufmerksamkeit nachlässt. Wenn Mimik, Gestik oder Unruhe auf Abbruchgedanken, Widerspruch oder Desinteresse hindeuten, sollten Sie den Zuhörern in jedem Falle Gelegenheit geben, Verständnisfragen zu stellen oder Einwände zu bringen. Bei nachlassender Aufmerksamkeit können Sie zudem die später dargestellten aktivierenden Techniken nutzen (siehe Kapitel 4).

Blickkontakt gezielt einsetzen

Damit Sie Ihren Zuhörern gleichmäßig Blickkontakt anbieten und niemanden vergessen, teilen Sie Ihr Publikum in drei (gleich große) virtuelle Kreise ein, einen zentralen, einen linken und einen rechten. Diese „Wahrnehmungskreise" erleichtern es Ihnen, jedem Zuhörer in einem ruhigen Wechsel Blickkontakt anzubieten. Vergessen Sie niemanden, denn jeder Mensch hat ein Bedürfnis nach Wertschätzung. Bei kleinen Gruppen ist diese Empfehlung leichter umzusetzen als bei Auftritten vor einem großen Auditorium.

> **Halten Sie möglichst zu allen Zuhörern Blickkontakt. Teilen Sie dazu das Auditorium in drei virtuelle Kreise ein.**

Kleine Gruppen
Sitzen Ihre Zuhörer u-förmig oder am Konferenztisch, nehmen Sie zu Beginn Blickkontakt mit einem Zuhörer im zentralen Kreis auf und wandern dann langsam zum linken, zurück zum zentralen und dann zum rechten Kreis. Vermeiden Sie dabei zu schnelle Kopfbewegungen, weil dies hektisch und unsicher wirkt. Halten Sie ruhig einige Sätze Blickkontakt zu einzelnen Zuhörern. Danach wenden Sie sich dem nächsten

Teilnehmer zu. Verweilen Sie auch bei diesem wiederum einige Sekunden usw. Durch entstehen Dialogbrücken zu einzelnen Zuhörern, was „unterschwellig" zeigt, dass Ihnen der persönliche Kontakt zum Publikum am Herzen liegt. Organisieren Sie Ihren Blickkontakt so, dass Sie nacheinander den Teilnehmern in allen drei Kreisen gleichgewichtig Aufmerksamkeit schenken. Diese Art des Blickkontakts schafft mehr Vertrauen als der eher zufällige Blickkontakt.

Manchen Rednern fällt es schwer, den Zuhörern direkt in die Augen zu schauen. In diesem Fall können Sie die Stirn oder die Nasenwurzel des adressierten Gesprächspartners fixieren. Er wird diese kleine Veränderung Ihres Blickes nicht wahrnehmen.

Große Gruppen
Sie können mit den drei virtuellen Kreisen auch arbeiten, wenn Sie vor Großgruppen präsentieren. Egal, ob 500 oder 2.000 Leute im Saal sind: Richten Sie Ihren Blick wie den Kegel einer Taschenlampe auf das Auditorium (vgl. Spies 2004). Schauen Sie in den zentralen Kreis, als träfe dort der Lichtkegel auf. Sie können diesen „Lichtkegel" – wie bei einer Taschenlampe – in der Größe verstellen. Sie verengen den Kegel, wenn Sie zum Beispiel eine einzelne Person in den ersten Reihen direkt anschauen; Sie erweitern diesen Kegel, wenn Sie auf die hinteren Reihen des Publikums blicken, ohne Einzelne zu fokussieren. Achten Sie auch hier darauf, dass Sie nacheinander zu allen drei Kreisen – idealerweise mit gleichen Anteilen – Blickkontakt halten und keinen Teil des Publikums ausschließen.

Ein ruhiger Blick ist besonders wichtig, wenn Ihr Gesicht bei großen Veranstaltungen aufgenommen und zeitgleich an die Leinwand projiziert wird.

Hinweis:

Wenn ein Teilnehmer eine Frage stellt oder einen Diskussionsbeitrag einbringt, sollten Sie durchgängig zu ihm Blickkontakt halten, während Sie ihm zuhören. Achten Sie bei Ihrer Beantwortung seiner Frage darauf, dass Sie vorrangig den Fragesteller anschauen. Schenken Sie zwischendurch jedoch auch den übrigen Zuhörern Blickkontakt. Dadurch vermitteln Sie allen Zuhörern das Gefühl, sie ständig wahrzunehmen.

> **Jeder Mensch braucht und möchte Wertschätzung!**

Ihre Bewegung während des Vortrags

Wenn Seminarteilnehmer die Frage stellen „Wie soll ich mich auf der Bühne bewegen?" lautet ein guter Rat: Nutzen Sie den Raum wie selbstverständlich, aber mit Augenmaß. Vermeiden Sie alle Extreme! Die Zuhörer nervt nämlich beides: Wenn der Redner die ganze Zeit angewurzelt an einem Fleck stehenbleibt oder ständig auf der Bühne hin- und herläuft. „Weder Denkmal noch Wandervogel!" – lautet die saloppe Empfehlung im Trainerjargon.

> **Nutzen Sie den gelenkten Standortwechsel auf der Bühne. Verbinden Sie ruhige Phasen (sicherer Stand!) mit Phasen der Dynamik (gezielte Bewegungen!).**

Wer sich beim Auftritt unwohl fühlt und selten vor Publikum spricht, neigt dazu, während des gesamten Vortrags an einer Stelle zu verharren. Dies gilt insbesondere für technisch orientierte Führungskräfte oder fachliche Spezialisten, die mit Notebook und Beamer präsentieren.

Die folgenden Überlegungen helfen Ihnen, ruhige Phasen gekonnt mit Phasen der Dynamik zu verbinden. Die Empfehlungen gelten für alle Auftritte, bei denen es in Ihrer Hand liegt, den Aktionsraum „Bühne" zu nutzen. Sie sollten auf dieses Szenario genauso vorbereitet sein wie auf Vorträge am Rednerpult oder am Konferenztisch in einem kleinen Raum.

Wenn Sie sich auf der Bühne gekonnt bewegen, wirken Sie nicht nur sicherer und souveräner. Sie stimulieren dadurch auch die Aufmerksamkeit der Zuhörer und schaffen sich selbst ein psycho-motorisches Ventil gegen Ihren Stress. Ihre Bewegungen auf der Bühne sollten selbstverständlich und motiviert aussehen. Zeigen Sie, dass Sie sich vor dem Publikum gern bewegen, zumal die Bühne für die Zeit des Vortrags Ihr „Zuhause" ist.

Besetzen Sie die zentrale Position

Alles, was im Zentrum einer Bühne geschieht, steigt in seiner Wertigkeit. Daher ist dieser exponierte Standort am besten geeignet, wenn Sie Ihr Publikum emotional ansprechen, motivieren und begeistern wollen.

Wer bei Vorträgen durchgängig am Rand der Bühne steht, wird weniger intensiv wahrgenommen und vermittelt den Eindruck, den Auftritt rasch hinter sich bringen zu wollen.

Bedenken Sie: Die Wirkung Ihrer Bewegung ist größer, wenn Sie zur Seite nach rechts oder links gehen, als wenn Sie sich nach vorn oder nach hinten bewegen. Sie können sich mögliche Bewegungspfade auf der Bühne anhand der Abbildung 5 veranschaulichen: Teilen Sie Ihren Aktionsraum beim Vortrag in neun virtuelle Quadrate auf: hinten links (hl), hinten Mitte (hm), hinten rechts (hr), Mitte links (ml), Mittelpunkt, Mitte rechts (mr); vorne links (vl), vorne Mitte (vm) und vorne rechts (vr).

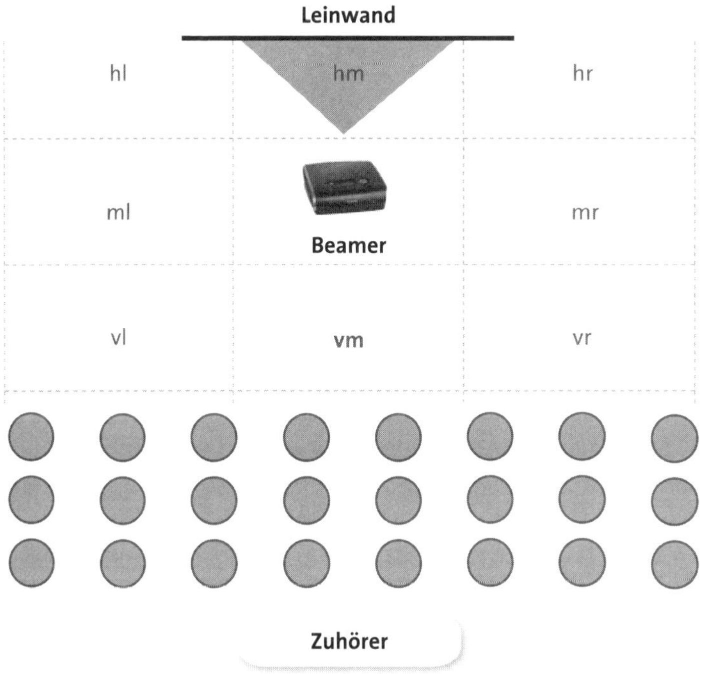

Abbildung 5: Aktionsraum beim Präsentieren

Wenn Sie die zentrale Position auf der Bühne einnehmen (Quadrat „vorne Mitte") und von dort aus sprechen, ziehen Sie die ungeteilte Aufmerksamkeit des Publikums auf sich. Und: Von hier aus haben Sie die Möglichkeit, Ihre Botschaften besonders eindrucksvoll zu personalisieren.

Gelenkter Standortwechsel

Wenn es die Raumgröße erlaubt, können Sie während der Präsentation bewusst den Standort wechseln. Gehen Sie dabei nicht mehr als zwei bis drei Schritte zur Seite, weil die Bewegung sonst zu unruhig wirkt. Bleiben Sie vorn auf der Bühne, also in den Quadraten vorne links, vorne Mitte und vorne rechts. Wie stark Sie sich bewegen, ist eine Frage des Temperaments und der persönlichen Präferenz. Prüfen Sie die Option, Ihre Bewegungen mit den Abschnitten Ihrer Präsentation zu verknüpfen: Hierbei verändern Sie gezielt Ihre Position, wenn Sie sich einem neuen Punkt in Ihrer Rede zuwenden.

> **Durch folienfreie Abschnitte lenken Sie die Aufmerksamkeit der Zuhörer zu 100 Prozent auf Ihre Person.**

Achten Sie bei Präsentationen mit Medieneinsatz darauf, dass alle Zuhörer freie Sicht auf die Leinwand haben. In der Regel werden Sie deshalb während des Vortrags seitlich stehen (je nach Größe des Raums vorne rechts oder Mitte rechts). Von dort aus blenden Sie Ihre Charts mit einer Fernbedienung ein. So halten Sie durchgängig Blickkontakt zum Auditorium. Um neue Aufmerksamkeitsreize zu setzen, können Sie ab und zu Ihre Bildschirmpräsentation unterbrechen (Taste „B" für „Black" drücken), um dann zur zentralen Position (vorn Mitte) oder ans Flipchart zu gehen (Details hierzu auf Seite 93).

Eine weitere Chance zu motivierten Bewegungen ist immer dann gegeben, wenn Zuhörer Fragen stellen oder eigene Diskussionsbeiträge bringen. Sie können ein paar Schritte auf den Fragesteller zugehen und dadurch zeigen, dass Sie sich für seine Sichtweise interessieren.

Dieses Ritual war eindrucksvoll beim Town Hall Meeting im Rahmen des Fernsehduells zwischen Barack Obama und John McCain zu beobachten. Immer, wenn ein Bürger eine Frage stellte, ging der angesprochene Kandidat auf den Fragesteller zu und demonstrierte auf diese Weise Interesse und Wertschätzung.

Überzeugen durch Stimme und Sprechtechnik

Wie der Mensch, so seine Rede!

Cicero

Stimme und Sprechtechnik sind wesentliche Voraussetzungen erfolgreicher Vorträge. Brillante Redner wie Bill Clinton, Steve Jobs oder Altbundeskanzler Helmut Schmidt sprechen im Grundduktus eher langsam und artikulieren klar und deutlich. Sie vermeiden dabei ermüdende Gleichförmigkeiten und setzen vor allem auf das Wechselspiel von schnell und langsam, laut und leise sowie hoch und tief.

Dieser Abschnitt sensibilisiert für rhetorische Fehler beim Sprechen und zeigt Ihnen, von welchen Faktoren die optimale Wirkung der Stimme abhängt und welche Übungen für Verbesserung der Sprechtechnik und Stimmtraining geeignet sind.

Selbsttest: Wie wirkt meine Stimme?

Nehmen Sie ein Tonband, eine Videokamera oder einfach Ihr Smartphone/Handy mit Aufnahmefunktion. Sprechen Sie eine Minute über irgendein Thema. Zum Beispiel ein aktuelles Ereignis, Ihren Lieblingssport oder über den Tagesablauf. Danach hören Sie sich die Aufnahme an. Sie werden schnell erkennen, was Ihre Stärken sind und wo Sie noch Verbesserungspotential haben. Holen Sie sich – ergänzend – ehrliches Feedback von anderen, um Ihre Selbsteinschätzung zu überprüfen.

Wechseln Sie das Sprachtempo

Ein mäßiges Grundtempo sorgt dafür, dass die Zuhörer verstehen, was Sie sagen. Redeprofis wissen um die optimale Wirkung ihrer Stimme: Sie sprechen daher vor allem an wichtigen Stellen deutlich langsamer. Barack Obama versteht es meisterhaft, das Sprechtempo zu verlangsamen und damit gekoppelt Pausen einzusetzen, um die Aufmerksamkeit der Zuhörer auf wichtige Aussagen zu lenken und Kernbotschaften beim Publikum zu verankern.

Schnellsprechen kommt häufig dadurch zustande, dass man sich in einem Thema exzellent auskennt und den Zuhörern das in wenigen

Minuten vermitteln will, was man sich selbst in Monaten oder Jahren angeeignet hat. Dabei übersieht man einen ganz entscheidenden Aspekt, nämlich die begrenzte Aufnahmekapazität der Zuhörer. Es ist unmöglich, Ihrem Gegenüber durch „Druckbetankung" Wissen zu vermitteln. Er wird ganz einfach abschalten, wenn es zu viel wird.

Bedenken Sie auch, dass Schnellsprechen Ihre Souveränität mindert: Die Stimmlage rutscht nach oben, die Aussprache wird undeutlich und verwaschen, Versprecher häufen sich, Sie wirken hektisch, fahrig und nervös. All dies signalisiert dem Zuhörer, dass Sie die Sprechsituation schnell hinter sich bringen wollen. Im Jagdgalopp gesprochene Worte wirken auf Ihre Zuhörer unbedeutend und unklar. Arbeiten Sie also daran, langsam zu sprechen und nur dann das Tempo zu beschleunigen, wenn Sie damit ganz bestimmte dramaturgische Ziele verfolgen.

Thilo von Trotha (2008), ehemaliger Redenschreiber von Helmut Schmidt, attestiert dem Altbundeskanzler eine besondere rhetorische Begabung: Schmidt war in der Lage, seine Gedanken zur Nationalökonomie und Weltwirtschaft noch „beim 500. Mal so vorzustellen, als spräche er sie zum ersten Mal aus".

> **Bei wichtigen und schwierigen Inhalten: Langsamer sprechen und Pausen machen!**

Machen Sie Sprechpausen

Zu schnelles Sprechen vermeiden Sie vor allem dadurch, dass Sie bewusst Pausen machen und am Ende eines Satzes oder eines Sinnabschnitts mit der Stimme nach unten gehen. Es ist schon viel gewonnen, wenn Sie sich bei kurzen und längeren Pausen an den „Satzzeichen" orientieren. Redeprofis setzen vor oder nach zentralen Aussagen ganz gezielt kurze Pausen ein. Dieser Effekt erhöht das Gewicht Ihrer Ausführungen beträchtlich. Der bewusste Einsatz von Sprechpausen lohnt sich auch deshalb, weil Sie Ihren Zuhörern Gelegenheit geben, die präsentierten Gedanken zu verarbeiten und Bilder in ihren Köpfen entstehen zu lassen. Pausen erleichtern es dem Sprecher, Atem zu holen, den nächsten Gedanken zu formulieren sowie störende Dehnungslaute wie Ähs zu vermeiden.

Vereinzelte Ähs sind unproblematisch. Kritisch wird es, wenn sie so häufig auftreten, dass die Aufmerksamkeit der Zuhörer bewusst darauf gelenkt wird. Dann hilft nur intensives Training mit Tonbandgerät und Feedback (Übungen in Kapitel 8).

Wechseln Sie die Lautstärke

Nicht nur Tempowechsel, auch lautes oder leises Sprechen steigern die Aufmerksamkeit des Publikums. Wer monoton, das heißt immer auf der gleichen Tonhöhe, spricht, wirkt eher gelangweilt und wenig begeistert. Variieren Sie daher die Lautstärke, um wichtige Inhalte der Präsentation hervorzuheben und dadurch die Sprechmelodie zu verändern. Dies ist besonders wirkungsvoll, wenn Sie die Veränderung der Lautstärke mit Redewendungen verbinden, die wichtige Botschaften verstärken. Hier einige Formulierungsbeispiele (groß geschriebene Buchstaben betonen!):

- „Ich komme jetzt zu einem GANZ ENTSCHEIDENDEN Punkt: ...“ Danach: Pause machen und dann lauter oder leiser fortfahren.

- „Im ZENTRUM unserer Strategie steht ...“

- „Daraus folgt EINDEUTIG ...“

- „Sie erfahren jetzt das ERSTAUNLICHE Ergebnis einer Studie, die ...“

Viele Vortragende wissen nicht genau, ob sie dauerhaft zu leise oder zu laut sprechen. Beides wirkt auf das Publikum meistens negativ: Zu leises Sprechen erschwert oft die Informationsaufnahme beim Zuhörer und wird mit Unsicherheit und mangelndem Selbstbewusstsein in Verbindung gebracht. Zu lautes Sprechen wird häufig als dominant, unsympathisch und wenig sensibel wahrgenommen.

Nutzen Sie die Übungsangebote auf Seite 128ff. und holen Sie sich Feedback von anderen, wenn Sie nicht genau einschätzen können, ob Sie zu leise oder zu laut sprechen. Ich erlebe in Seminaren regelmäßig, dass die Selbsteinschätzung häufig in eine ganz andere Richtung geht als die Einschätzung des Publikums.

Sprechzeichen für das ausformulierte Manuskript

Ein ausformuliertes Manuskript ist für bestimmte Situationen zweckmäßig, insbesondere dann, wenn es um genaue Formulierungen geht. Zum Beispiel bei wissenschaftlichen Vorträgen, Geschäfts- und Rechenschaftsberichten, bei wichtigen politischen Reden oder im internationalen Geschäft, bei denen Sie mit Hilfe eines Simultandolmetschers vortragen.

Ein ausformuliertes Manuskript verleitet oft zum gleichförmigen Vorlesen. Daher ist es ratsam, Pausen- und Betonungszeichen im Text zu markieren. Abbildung 6 enthält eine Zusammenstellung der wichtigsten Betonungszeichen.

/ einfacher Strich	= kurze Pause
// doppelter Strich	= lange Pause
' (Akzent)	= Betonung auf der Silbe
Pfeil nach oben ↑	= Stimme heben
Pfeil nach unten ↓	= Stimme senken
Pfeil waagerecht →	= gleiche Tonlage
L e e r t a s t e n	= langsam sprechen
GROSSBUCHSTABEN oder Unterstreichung	= laut sprechen

Abbildung 6: Sprechzeichen für das Manuskript

Stimmtraining

Klang und Ausdruckskraft der Stimme sind schwer veränderbare Merkmale eines Menschen. Sie lassen sich nur mit viel Übung verändern. Je nach Lernbedarf kann man – auch kombiniert – in Eigenregie trainieren oder mit einem Coach zusammenarbeiten.

Der Schlüssel für die Entwicklung Ihrer Stimme liegt zunächst in einer entspannten Grundhaltung und einer verbesserten Atmung. Wer lernt, gelassen und mit Freude aufzutreten, wird durch die Veränderung der Körperspannung auch die Muskulatur der Stimmbänder entspannen. Die Stimme klingt dann gelassener und voller.

Ein zweiter Ansatzpunkt für mehr Resonanz und Kraft in der Stimme ist die sogenannte Bauchatmung (Zwerchfellatmung). Während Sie bei der flachen Brustatmung nur 25 Prozent des Lungenvolumens nutzen, können Sie bei der (tiefen) Bauchatmung das gesamte Luftvolumen ausschöpfen. Da Stimme nichts anderes ist als in Schallwellen umgewandeltes Ausatmen, bestimmen Qualität und Volumen des Ausatmens auch Qualität und Volumen des Tons. Aufgrund des größeren Luftstroms benötigen Sie weniger Kraftanstrengung beim Sprechen. Sie können mit dem richtigen Druck die Stimmbänder optimal in Schwingungen versetzen. Dadurch klingt Ihre Stimme voll und ausdrucksstark.

Im Atemholen sind zweierlei Gnaden: Die Luft einziehen, sich ihrer entladen;
Jenes bedrängt, dieses erfrischt; So wunderbar ist das Leben gemischt.
Du danke Gott, wenn er dich presst, Und dank ihm, wenn er dich wieder entlässt.

Johann Wolfgang von Goethe

Übungsangebote

Es gibt bewährte Übungen für das Stimmtraining. Sie können zum Beispiel während Ihrer Autofahrten oder bei Spaziergängen Gedichte rezitieren oder Lieder singen. Holen Sie sich bei Bedarf Anregungen aus einer Gedichtesammlung (z. B. Hans Braam, Die berühmtesten deutschen Gedichte) und aus einschlägigen Übungsbüchern zur Sprecherziehung, wenn möglich mit integrierter Audio-CD. Dort haben Sie Hörbeispiele von Sprechprofis und Anleitungen für Ihre eigenen Stimmübungen.

„Der kleine Hey" (hrsg. von Fritz Reusch) ist wohl das bekannteste Werk zur Kunst des Sprechens. Dieser Klassiker wird seit Jahrzehnten auch von Rednern, Schauspielern und Sängern für das Stimmtraining in Eigenregie genutzt – inzwischen mit einem Trainingsprogramm als DVD. Hier finden Sie unter anderem eine Fülle wirksamer Sprechübungen zur Vervollkommnung der eigenen Aussprache sowie Filmaufnahmen zur Funktion der Stimme und Tipps zum Sprechen mit Mikrofon. Der „kleine Hey" eignet sich sehr gut, um ein persönliches Übungsprogramm zusammenzustellen, von Zungenbrechern, über Gedichte bis hin zu speziellen Artikulationsübungen. Ausgewählte Übungen hierzu finden Sie auf Seite 128ff.

Zusätzliche Impulse können Sie sich von professionellen Sprechern holen. Beispiel: Hören Sie sich an, wie Will Quadflieg eine Textpassage des kleinen Prinzen von Antoine de Saint-Exupéry rezitiert (Titel der Audio-CD im Literaturverzeichnis). Achten Sie beim Zuhören auf Aussprache, Tempo, Lautstärke und Pausen. Dann lesen Sie selbst die gleiche Passage – möglichst ausdrucksstark und im angemessenen Tempo vor. Vergleichen Sie danach Ihre Tonbandaufzeichnung mit der Vortragsweise des Profisprechers. Was lief gut? Was ist zu verbessern? Wiederholen Sie die Übung, bis Sie mit dem Ergebnis zufrieden sind.

Jede Gewohnheit – so auch jede rhetorische Unart – hat eine Lerngeschichte und lässt sich nicht von jetzt auf gleich umprogrammieren.

Sichern Sie sich Erfolgserlebnisse durch kleine realistische Lernziele, egal ob Sie Ihre Stimme durch Selbstlernen, unter Anleitung eines Sprecherziehers oder vielleicht sogar als aktives Mitglied in einem Gesangsverein verbessern wollen.

4 Wie Sie Spannung und Aufmerksamkeit erzeugen

Begnadete Redner wie Steve Jobs oder Barack Obama sind in der Lage, die Aufmerksamkeit ihrer Zuhörer von Anfang an zu wecken und während des gesamten Vortrags auf einem hohen Niveau zu halten. Rhetorische und dramaturgische Stilmittel helfen ihnen, Verstand und Herz des Publikums zu gewinnen, eine persönliche Verbindung zu ihren Zuhörern herzustellen und Kernbotschaften geschickt zu vermitteln. Unverzichtbar sind neben ihrem freundlichen und souveränen Auftreten vor allem der Einsatz eines zündenden Motivs in der Einstiegsphase und die Fähigkeit, abstrakte Inhalte durch lebensnahe Geschichten, durch alltägliche Beispiele und Vergleiche zu veranschaulichen.

Storytelling ist ein sehr wirkungsvolles Mittel, um Zuhörer zu motivieren und zu begeistern. Es eignet sich daher in besonderer Weise für Überzeugungspräsentationen, die ja darauf zielen, ein Publikum emotional zu erreichen. Bei Informationspräsentationen, in denen es vorrangig um die Vermittlung von Sachinhalten geht, hat Storytelling eine untergeordnete Bedeutung. Hier kommt es vielmehr darauf an, die oft schwierigen und „trockenen" Themen anschaulich zu präsentieren, den Nutzen zu betonen und das richtige Niveau der Zuhörer zu treffen. Details dazu finden Sie im zweiten Teil dieses Kapitels.

Ergebnisse der Kommunikationsforschung bestätigen die Alltagserfahrung, dass die Aufmerksamkeit im Publikum vor allem dann sinkt, wenn die dargebotenen Reize die Zuhörer zu wenig aktivieren und sich aufgrund einer gleichförmigen Vortragsweise negative Gefühle und „Abbruchgedanken" beim Publikum einstellen. Die Aufmerksamkeit sinkt vor allem, wenn

- die Erwartungen der Zuhörer nicht erfüllt werden,

- Ziel und Nutzen der Präsentation unklar sind,

- die Sprache zu abstrakt und unverständlich ist,

- Inhalt und Anzahl der Grafiken die Zuhörer überfordern,
- die Präsentation langweilig und farblos wirkt.

Wer präsentiert, sollte ein Gefühl dafür entwickeln, was bei Zuhörern am besten ankommt: Aus Forschungsergebnissen und eigener Lebenserfahrung wissen wir, dass es Geschichten sind. Menschen lernen am besten aus der Verallgemeinerung von beispielhaften Geschichten. An witzige und ungewöhnliche Storys erinnern sie sich besonders gut. Unser Gehirn freut sich dabei über die Verknüpfung von Sachinformation *und* Unterhaltung – Infotainment als bestes Wirkmittel gegen Langeweile. Hinzu kommt, dass anschauliche Informationen und Geschichten die Neuronen im Gehirn zum Feuern bringen und es den Zuhörern aufgrund der Spiegelneuronen erleichtern, mitzufühlen und so besser zu verstehen. Jeder Vortragende sollte diesen Effekt nutzen: Unser Gehirn merkt sich Botschaften einfach besser, wenn sie in Geschichten eingebunden sind, die Betroffenheit erzeugen.

Icebreaker: Steigen Sie attraktiv ein

Bedenken Sie, dass sich Ihre Zuhörer – auch wenn sie körperlich anwesend sind – gedanklich noch mit anderen Themen beschäftigen, während Sie auf Ihre Präsentation warten. Beispielsweise mit Problemen in ihrer Abteilung, mit Smartphone oder Notebook, der stressigen Anreise oder privaten Themen. Daher ist ein starker Reiz, ein Aufmerksamkeitswecker in der Einstiegsphase, von großer Bedeutung. Dieser Icebreaker (Aufhänger) soll Kontakt aufbauen, Neugier auf Sie und das Thema wecken und Spannung erzeugen.

Sie benötigen Icebreaker nicht nur zu Anfang Ihres Vortrags. Auch bei den Übergängen von Abschnitt zu Abschnitt ist es ratsam, mit einer zündenden Überleitung in das kommende Teilthema zu starten. Dies können auch zwei Sätze oder ein passendes Foto („Key visual") sein. Beachten Sie beim Erarbeiten eines motivierenden Einstiegs, dass er mit Ihrem Thema harmoniert und dass er sich nicht zu weit von der (vermuteten) Erwartungshaltung Ihres Publikums entfernt. So wäre der „Affentanz" von Microsoft-Chef Steve Ballmer bei europäischen oder ostasiatischen Zuhörern außerordentlich gewagt. Bei Youtube können Sie die extrem emotionale Eröffnung seines Motivationsvortrags sehen, bei dem Ballmer brüllend über eine Bühne hüpft und seine emotionale Aktion in den Schlussakkord münden lässt: I love this company.

Für Ihren Einstieg stehen Ihnen zwei Möglichkeiten zur Verfügung: Sie können langsam ins Thema einsteigen, indem Sie zunächst darauf hinführen, oder sofort mit Ihrem Thema beginnen.

Elf Icebreaker (Aufhänger)

Dem Begriff entsprechend verwenden Sie quasi einen „Aufhänger" als Haken, an dem Sie Ihr Thema aufhängen. In dieser Phase können Sie auf „harte Fakten" verzichten; schließlich kommen Sie erst nach Ihrem Aufhänger zum Thema. Wichtig ist hierbei auch eine ansprechende Formulierung Ihres Übergangs vom Aufhänger zum Thema, beispielsweise: *Und damit komme ich zu meinem Thema …*

Aufhänger sind so vielfältig wie die menschliche Kreativität. Wir empfehlen Ihnen, sich bei der Suche nach einem Aufhänger von dem A-A-A-Prinzip leiten lassen (**a**nders **a**ls **a**ndere).

Sie finden hierunter eine Auswahl von Aufhängern, die Ihnen als Anregung für eigene Aufhänger dienen sollen. Sie können natürlich auch Aufhänger aus diesem Angebot für Ihre Vorträge übernehmen und sie vor ihrem Einsatz situationsgerecht modifizieren. Hierzu ein Hinweis: Suchen Sie sich jedoch nur solche Varianten heraus, die zu Ihrem Szenario, Ihrer Zielgruppe und Ihren persönlichen Vorlieben passen.

1. Eine überraschende Aktion

Eine überraschende Aktion war zum Beispiel jener „magische" Moment, als Steve Jobs im Januar 2008 das neue Notebook MacBook Air präsentierte. Um Spannung zu erzeugen und zu dokumentieren, wie dünn das Notebook ist, wählte der Apple-Chef einen starken Kontrast: das High-Tech-Notebook in einem einfachen Büroumschlag. Die Anmoderation von Steve Jobs lief so: „This is the MacBook Air. It is so thin, it even fits inside one of those envelopes you see floating around the office." (Ein Briefumschlag erscheint groß auf der Projektionswand.) Mit diesen Worten geht Jobs an den Bühnenrand, nimmt einen dieser Briefumschläge, holt das Notebook heraus und hält es in die Höhe – genauso wie stolze Eltern ihr Neugeborenes präsentieren. Anschließend sagt Jobs: „You can get a feel for how thin it is. It has a full-size keyboard and full-size display. Isn't it amazing? It's the world's thinnest notebook."

2. Ein Nutzenversprechen

Ein Nutzenversprechen motiviert sofort. Ihr Publikum wird sich nämlich stets fragen: „Was habe ich davon, dass ich dem Redner zuhöre?" Sie wecken daher Aufmerksamkeit, wenn Sie zu Anfang ein paar Worte zur Wichtigkeit oder zum „Gebrauch" des Vortragsthemas für die Zuhörer und für deren Praxis sagen. Das ist der Anreiz, mit dem Sie Ihre Zuhörer locken. Vor allem bei eher sachlich und technisch orientierten Themen ist es wichtig, den Nutzen nicht erst gegen Ende der Präsentation darzustellen. Setzen Sie auf die Sandwich-Strategie: Nutzenversprechen zu Anfang, dann Details im Vortrag und zum Schluss – als Verstärker – noch einmal die Nutzenargumente.

Beispiele:

- „Dieses Medientraining hilft Ihnen, auch in Stress-Interviews gelassen zu bleiben und Ihre Botschaften gekonnt zu platzieren."

- „Sie erfahren in den kommenden 30 Minuten, wie Sie Lampenfieber in den Griff bekommen und in Auftrittsfreude verwandeln können."

- „Das geplante Joint Venture mit China bietet große Chancen für profitables Wachstum und schafft in Deutschland zusätzliche Arbeitsplätze."

3. Aktueller Einstieg

Hierbei starten Sie Ihren Vortrag mit einer aktuellen Information, die zum Thema Ihrer Präsentation passt und die am Vorwissen und an der Erfahrung der Zuhörer anknüpft.

- „Vermutlich haben Sie es gestern in den Tagesthemen gehört: Das Bundeskartellamt hat grünes Licht für die Fusion mit dem Unternehmen XY gegeben."

- „In der heutigen Presse finden Sie Informationen zum geplanten Börsengang" (ggf. Zeitung hochhalten).

- „In diesem Monat feiert unsere Firmenniederlassung in China ihr einjähriges Jubiläum. Ziehen wir anlässlich dieses Jahrestages Bilanz, können wir von einer waschechten Erfolgsstory sprechen."

- Erst gestern hat das Bundeswirtschaftsministerium ein neues Handelsgesetz beschlossen, das für unser heutiges Thema von entscheidender Bedeutung sein wird."

4. Ihre persönliche Beziehung zum Thema

Hierbei erzählen Sie, welche persönliche Beziehung Sie zum Vortragsthema haben und wie Sie zu dem Thema gekommen sind (Was ist für Sie an dem Thema besonders reizvoll, interessant, spannend?). Diesen persönlichen Aspekt sollten Sie durch Ich-Botschaften hervorheben:

- „Mich hat immer schon fasziniert, wie man seine besten Begabungen durch Übungen, durch Lernen am Vorbild und durch begleitendes Seminarlernen bestmöglich entwickeln kann."

- „Sie erfahren jetzt, wie wir vor drei Jahren einen ähnlichen Veränderungsprozess erfolgreich bewältigt haben. Anfangs war es genau wie jetzt; wir hatten mit Widerständen und mit zum Teil harscher Kritik zu tun."

Weitere Hinweise zum Thema „Geschichten erzählen" finden Sie auf Seite 65ff.

5. Visuelle und akustische Köder

Aufmerksamkeit erregen Sie, wenn Sie eine Neuigkeit im Bild präsentieren oder einen Gegenstand (Produkt, Dokument usw.) „aus der Tasche zaubern". Sie enthüllen beispielsweise ein reales Produkt oder zeigen nach einer spannenden Anmoderation ein Foto, eine Videoanimation mit Musik oder schreiben eine Zahl oder ein Schlüsselwort ans Flipchart.

Der Astrophysiker Prof. Harald Lesch weckt in eindrucksvoller Weise Aufmerksamkeit für sein Thema „Vom Anfang des Sonnensystems", indem er einen echten Meteoritenbrocken in die Hand nimmt und mit Begeisterung darlegt: „Das hier ist ein Meteorit. Ein Zeuge aus der Frühphase unseres Sonnensystems. Dieser Stein hier ist 4,56 Milliarden Jahre alt ... Das ist ein Stein, der uns verrät, dass es in der frühen Phase des Sonnensystems zu gewaltigen Zusammenstößen gekommen sein muss; er ist nämlich zusammengebacken ..." (siehe www.haraldlesch.zdf.de).

> **Finden Sie weitere verblüffende Beispiele aus Ihrem und dem Alltag Ihrer Zuhörer.**

6. Situativer Bezug

Bei dieser Eröffnungsvariante stellen Sie einen Bezug zum aktuellen Umfeld her:

- „Hier in der Nähe des Kölner Doms fällt es mir leicht, eine Fachtagung zum Thema ‚Architektur des 19. Jahrhunderts' zu eröffnen."

- „Professor Hüther hat in seinem Referat dargestellt, dass die Hirnforschung heute recht genau erklären kann, was im Gehirn bei Stress und bei Ängsten abläuft. In folgendem Vortrag nehme ich diesen Gedanken auf und zeige Ihnen, wie Sie Ihre Ängste bei Vorträgen und in schwierigen Diskussionen reduzieren und in Auftrittsfreude verwandeln können."

7. Fragen ans Publikum

Hierbei stellen Sie dem Publikum eine Frage und bitten zum Beispiel um Handzeichen: „Wer von Ihnen würde gern als Tourist an einer Weltraummission teilnehmen? Ich bitte um Handzeichen." „Wer von Ihnen traut sich zu, ein Auditorium mit 500 Menschen zu begeistern? Ich bitte um Handzeichen." Achten Sie darauf, dass die Frage eindeutig formuliert ist.

Eine andere Möglichkeit ist die Schätzfrage: „Wie lange braucht das Licht von der Sonne zur Erde?" oder „Wie viele Schulden hat ein Durchschnittsbürger – also Sie und ich – zu tragen?" Hierbei erwarten Sie eine eindeutige Information vom Publikum. Damit Sie keine Überraschungen erleben, sollten Sie sich während der Vorbereitung klarmachen, welche eindeutige Reaktion Sie vom Zuhörerkreis erwarten und ob die Frage beantwortet werden kann.

8. Witz und Humor

Beide sind bewährte rhetorische Stilmittel, um das „Eis zu brechen", eine lockere Atmosphäre zu schaffen und den eigenen Sympathiewert zu fördern. Gemeinsames Lachen verbindet, deshalb nutzen professionelle Redner diese Technik.

Henry Kissinger verwendete bei einer Rede vor dem Wirtschaftclub in Detroit diesen launigen Einstieg:

„Herr Vorsitzender, meine Damen und Herren, ich bin beauftragt, 25 Minuten zu Ihnen zu sprechen und dann Ihre Fragen entgegenzunehmen. Falls ich den ersten Teil des Auftrags erfülle, können Sie sagen, Sie haben einem historischen Ereignis beigewohnt (Gelächter). Was Punkt zwei angeht, fühlen Sie sich bitte frei, alle Fragen zu notieren, die Sie beschäftigen – ich werde mir dann die Freiheit nehmen, die Fragen zu beantworten, die mich beschäftigen (Gelächter)."

9. Ein Cartoon, ein Zitat, ein Sinnspruch oder andere Stimulanzien

Diese auflockernden Möglichkeiten bieten sich vor allem dann an, wenn Ihre Zuhörer Infotainment erwarten. Damit Sie rasch geeignete Stimulanzien finden, rate ich Ihnen, ein Handarchiv (am besten im PC nach Kategorien gegliedert; siehe Seite 73f.) zu entwickeln, in dem Sie motivierende Zutaten – einschließlich brillanter Fotos – für künftige Präsentationen sammeln.

10. Ein verblüffendes oder provozierendes Szenario

Hierbei starten Sie mit einer rhetorischen Frage, die Erstaunen und starke Emotionen bei den Zuhörern hervorruft:

- „Können Sie sich eine Technologie vorstellen, mit der das gesamte Weltwissen auf der Fläche eines Fingernagels gespeichert werden kann? Es gibt sie. *Speichern im Nanokosmos* lautet das faszinierende Thema der heutigen Präsentation."

- „Stellen Sie sich einmal vor: Die Weltmeere kippen ökologisch und machen jegliches Leben in ihnen unmöglich. Wissen Sie, welche Folgen das für die Ernährung der Weltbevölkerung hätte? Undenkbare Sciencefiction sind solche Gedankenexperimente keineswegs – das haben die Ölkatastrophen der vergangenen Jahre gezeigt. Und doch sind wir noch weit davon entfernt, dass ..."

11. Storytelling

Ein weiteres bewährtes rhetorisches Instrument, dessen Bedeutung erst in den letzten Jahren erkannt wurde, ist Storytelling. Da es eine große Bedeutung für Vorträge hat, widmen wir diesem Thema einen eigenen

Abschnitt. Wenn Sie Ihren Vortrag mit einer Story beginnen wollen, dann sollten Sie zunächst die Ausführungen darüber lesen (siehe Seite 65ff.).

Praxistipps für die Wahl eines Aufhängers

Die Wahl eines situationsgerechten, pfiffigen Aufhängers wird Ihnen leichter fallen, wenn Sie sich folgende drei Aspekte beachten:

1. Wer ist meine Zielgruppe?

Ihre Zuhörer sind eine wichtige Bestimmungsgröße für die Wahl eines geeigneten Aufhängers. Wie dies konkret aussehen kann, soll anhand von zwei typischen Zielgruppen gezeigt werden:

Entscheidungsgremien
Wenn Sie vor Entscheidungsgremien präsentieren, empfehlen wir, einen direkten, sachbezogenen Einstieg zu wählen. Sie können dabei beispielsweise den strategischen Mehrwert und die Bedeutung des Themas für die Zukunft betonen.

Teilnehmer an Fachtagungen und Kongressen
Hier liegen Sie in der Regel richtig, wenn Sie eine gute Mischung zwischen Sachinformation und Unterhaltung haben. Bei der Auswahl eines Icebreakers können Sie hier ein wenig mutiger sein.

2. Zeitliche Begrenzungen

Passen Sie Ihren Einstieg den zeitlichen Gegebenheiten an, indem Sie beispielsweise einen direkten Einstieg wählen oder Ihren Aufhänger kürzen, wenn Sie nicht viel Zeit haben oder die ursprünglich vorgegebene Zeit kurzfristig reduziert wird.

3. Risiken minimieren

Verzichten Sie auf gewagte Eröffnungen. Testen Sie vorher bei einem Probevortrag, inwieweit Ihr Einstieg zur Welt der Zuhörer passt. Dieser Gesichtspunkt ist von besonderer Wichtigkeit bei Zuhörern aus anderen Kulturkreisen.

Beachten Sie zudem, dass Ihre Einstiegsvariante zu Ihrer Persönlichkeit und Ihrem Naturell passt. Wenn Sie Geschichten spannend und unterhaltsam erzählen können, konzentrieren Sie sich auf diese Option.

Wenn Sie sich beim Storytelling noch unwohl fühlen, wählen Sie einen anderen Einstieg.

Viele der für den Einstiegsteil beschriebenen Kommunikationsinstrumente sind nicht nur in der Einstiegsphase unverzichtbar, sondern auch während des gesamten Vortrags, um die Aufmerksamkeit der Zuhörer auf einem hohen Niveau zu halten. Wir greifen deshalb einige dieser Instrumente an anderer Stelle erneut auf, um sie zu vertiefen, zu ergänzen, zu modifizieren.

Storytelling: Wecken Sie Emotionen durch Geschichten

Wenn der Azubi zum ersten Mal die tragische Unfallgeschichte über den Mitarbeiter hört, der seinen Schutzhelm nicht aufgesetzt hatte, wird er nie vergessen, wie wichtig das Tragen von Schutzhelmen ist: Geschichten erzeugen Kopfkino beim Zuhörer. Sie sind lebensnah und beschreiben Ereignisse und Erfahrungen derart, dass jeder Zuhörer ihren Ablauf als natürlich nachvollziehen kann. Genaugenommen handelt es sich bei Geschichten um eine Abfolge von Bildern – eine Art Filmsequenz. Im Gegensatz zu Fakten und analytischen Inhalten sprechen sie Gefühle an; außerdem kann man ihnen leichter folgen. Spitzenredner wissen genauso wie die besten Entertainer und Journalisten, warum Storytelling – also das Erzählen von Geschichten – zu den wirkungsvollsten Stilmitteln der Rhetorik gehört:

- Sie können dem Publikum eine überraschende Pointe oder ein Aha-Erlebnis vermitteln.

- Sie können Gefühle wecken und ein Schmunzeln oder ein befreiendes Lachen auslösen.

- Sie können die Dramatik einer Situation spannend und eindrucksvoll darstellen.

- Schließlich bieten eine passende Story oder ein eindrucksvolles Beispiel die Chance, ein abstraktes Sachargument beim Zuhörer dauerhaft zu verankern.

Exkurs: Barack Obama spielt diese Klaviatur grandios. Er signalisiert durch die Darstellung erlebter Geschichten: „Ich habe das auch schon einmal erlebt." „Ich kenne Eure Probleme aufgrund meiner Lebenserfahrung." „Ich weiß Bescheid." „Ich habe meine Kompetenz unter Beweis gestellt."

So spricht er in einer Rede über den schlechten Zustand vieler ländlicher Schulen, in denen eine neue Generation von Kindern in vergammelten Klassenzimmern in South Carolina sitzt und jeden Glauben an Bildung und Zukunft verloren hat. Obama kennt – wie er sagt – diese hoffnungslose Situation aus eigener Erfahrung. „Ich kenne diese Kinder. Ich kenne ihre Gefühle der Hoffnungslosigkeit. Meine Laufbahn begann vor über zwei Jahrzehnten als Sozialarbeiter in den Straßen der South Side von Chicago. Und ich habe mit Eltern, Lehrern und Kommunalpolitikern vor Ort gearbeitet, um für die Zukunft der Kinder zu kämpfen ... Und obwohl ich deren Hoffnungslosigkeit kenne, kenne ich auch deren Hoffnung. Ich weiß: Wenn wir unsere Förderprogramme früher einsetzen ..., in den unteren Klassen anfangen, wenn wir neue, besser qualifizierte Lehrer einstellen und die Förderangebote in den Sommerferien ausweiten ..., wenn wir all dies tun, dann können wir im Leben unserer Kinder wirklich etwas bewegen ... Ich weiß, dass wir das können. Ich habe es gesehen. Und als Ihr Präsident werde ich Tag für Tag dafür arbeiten"(aus Obamas Rede: „Our Kids, Our Future", 2007).

Im Gegensatz zu abgehobenen Politikerreden mit gestanzten Floskeln erzählt Obama mit bildreicher Sprache Geschichten, auch aus seinem eigenen Leben. Er zielt darauf, Verstand und Herzen der Zuhörer zu erreichen, wobei er alltägliche Beispiele oder erschütternde Einzelschicksale darstellt (vgl. Trankovits 2009).

Obama nutzt dabei vor allem die Tatsache, dass unser Gehirn gern in Bildern denkt. Unsere Fähigkeit, bildhafte Eindrücke zu verarbeiten und in Bildern zu kommunizieren, ist eben entwicklungsgeschichtlich viel älter als die Verarbeitung von Sprache.

Wenn Sie also Zuhörerinteresse wecken und halten wollen, sollten Sie daher in der Lage sein, Geschichten zu erzählen. Machen Sie Storytelling zu einem besonderen Markenzeichen Ihrer Vorträge und Präsentationen. Bauen Sie sich mit Hilfe der folgenden Anregungen Ihr individuelles Storytelling-Repertoire auf, so dass Sie bei Ihren Auftritten bestmöglich präpariert sind.

Mit lehrreichen, spannenden oder kuriosen Storys und Beispielen aus Ihrer eigenen Lebenserfahrung erzielen Sie beim Publikum sofort ungeteilte Aufmerksamkeit. Die Überzeugungswirkung ist deshalb so groß, weil die vortragende Person zugleich der „Held" der erzählten Storys ist. Ein weiterer Vorteil für Sie: Gerade weil Sie aus Ihrem Leben berichten, wird es Ihnen leicht fallen, Ihre Geschichten frei und authentisch vorzutragen. Sie können hundertprozentig darauf vertrauen, dass Sie beim Zuhörer ankommen. Gut geeignet sind zum Beispiel Storys aus Ihrem beruflichen Leben, wenn es in Präsentationen um weiche Themen geht wie zum Beispiel Werte, Motivation, Führung, Personalentwicklung, Umgang mit Niederlagen, menschliche Aspekte bei Veränderungen und bei Einführung neuer Technologien.

Die folgenden Ausführungen zeigen Ihnen, wie Sie mit System an Geschichten kommen.

Geschichten *aus der eigenen Lebenserfahrung* entwickeln

Eine wichtige und naheliegende Quelle, um authentische Geschichten zu entwickeln, ist der eigene Lebensweg mit Elternhaus, Schule, Ausbildung, Studium, beruflichem Werdegang. Die folgenden Schlüsselfragen können Ihnen dabei helfen, ein Portfolio eigener Geschichten zu entwickeln:

Eher berufliche Aspekte

- Welche Herausforderungen/Projekte haben mich begeistert, begeistern mich aktuell?

- Aus welchen Erfahrungen (Projekte; Auslandseinsätze usw.) habe ich wichtige Lehren gezogen?

- Welche besonders schwierige Situationen habe ich (wie) gemeistert?

- Wie sieht mein Führungsleitbild aus? Welchen Werten bin ich verpflichtet?

- Aus welchen Misserfolgen habe ich besonders viel gelernt?

- Was habe ich von anderen Kulturkreisen gelernt?

Eher private Aspekte
- Welche Werte sind mir im Elternhaus vermittelt worden?
- Was hat mir in Schule und Studium besondere Freude gemacht?
- Was sind meine Erfahrungen und Vorlieben im Sport?
- Welchen Lern- und Kommunikationsstil habe ich in Schule und Studium bevorzugt?
- Welche Erlebnisse und Laufbahnstationen haben mich geprägt?
- Welche Bücher schätze ich als Lebensbegleiter?
- Von welchen Menschen habe ich am meisten gelernt? Gab es Vorbilder?

Geschichten strukturieren mit Hilfe der Ritter-Metapher

Persönliche Erfolgsgeschichten sind häufig ein gutes Beweismittel, um Ihre Argumentation zu unterstützen und das Vertrauen in Ihre Kompetenz zu stärken. Bei Ihren „Success Stories" kann es sich um unterschiedliche Herausforderungen handeln, die Sie gemeistert haben, zum Beispiel die Durchsetzung einer neuen Vertriebsstrategie, die Reorganisation eines Bereiches, den Aufbau eines Werkes oder die Einführung eines neuen Konzepts zur Führungskräfte-Entwicklung. Um Ihre Erfolgsgeschichten zu strukturieren, hat sich die vierphasige Ritter-Metapher bewährt:

Schritt 1: Zunächst stellen Sie *die Ausgangssituation* dar, und zwar mit den größten Schwierigkeiten und Problemen. Viele haben die Situation für aussichtslos gehalten. Sie können das Bild der dramatischen Situation noch einmal in Erinnerung rufen und auch die dramatischen Konsequenzen bei Nichthandeln. Die Metapher: „Das Königreich ist bedroht".

Schritt 2: Im nächsten Schritt treten Sie (als Vorstand, Ressortchef, Teamleiter etc.) in Aktion und meistern die Herausforderung. Durch neue Ideen, Kompetenz, Überzeugungskraft und Durchsetzungsfähigkeit haben Sie das Problem in den Griff bekommen. Stellen Sie plastisch die *Vorgehensweise* zur *Problemlösung dar,* insbesondere welche Widerstände und Konflikte zu lösen waren, welche Maßnahmen ergriffen wurden und wie Sie letztlich das gesamte Team motiviert hat, mitzumachen. Die Metapher: „Der Ritter auf dem Pferd betritt die Bühne".

Schritt 3: Im dritten Schritt stellen Sie anschaulich die *verbesserte Situation* dar. Schildern Sie exemplarisch einige besondere Leistungen. Nennen Sie Zahlen. Heben Sie eindrucksvolle Kennziffern durch rhetorische Verstärker hervor und/oder visualisieren Sie diese am Flipchart oder an der Leinwand. Die Metapher: „Glück und Zufriedenheit im geretteten Königreich".

Schritt 4: Schließlich formulieren Sie ein *emotionales Fazit* (Herausforderung glänzend bestanden; Stolz auf das Erreichte; Erfolgsfaktoren noch einmal hervorheben) und enden mit einem motivierenden Ausblick in die Zukunft. Die Metapher: „Der Ritter darf die Königstochter heiraten und wird das Reich einst erben".

Es gehört zum persönlichen Reputationsmanagement, die Geschichten konkreter Erfolge und besonderer Leistungen überzeugend darstellen zu können. Jeder überzeugende Redner kann dies in Form kurzer, etwa einminütiger Geschichten leisten. Von US-amerikanischen Führungskräften in Politik und Wirtschaft können Europäer hier einiges lernen. Achten Sie aber darauf, auf Übertreibungen und Superlative zu verzichten, weil ein zu lautes Selbstmarketing Ihre Seriosität und Glaubwürdigkeit beschädigen könnte. Lassen Sie vielmehr verifizierbaren Fakten und Erfolge für sich sprechen.

Praxistipp

Sie können auf einem DIN-A4-Blatt Ihr Selbstkonzept (eine „Urrede" zu Ihrer Person) schreiben. Diese Urrede (siehe hierzu Basil 2005) wird zwar nie gehalten, sie bildet jedoch die Basis für Ihre Reden und Präsentationen. Sie hat den Charakter einer „Personal Story". Sie schreiben auf, was Ihnen besonders wichtig ist, wie Sie als Redner wahrgenommen werden wollen und worauf es Ihnen ankommt; und natürlich auch die erwähnten Erfolge und die wichtigsten Werte (siehe oben). Diese grundsätzliche Überlegung ist deshalb wichtig, weil Sie nur dann überzeugen können, wenn Sie vom Publikum als eine Person mit einem eigenständigen Profil erlebt werden.

Sammeln Sie Geschichten mit einem Storytelling-Logbuch

Lassen Sie sich dabei von den Empfehlungen dieses Abschnitts inspirieren und sammeln Sie Geschichten, die Ihnen widerfahren, und notieren

Sie auch Geschichten, die Ihnen andere erzählen. Anekdoten und Geschichten Ihrer Kollegen und Mitarbeiter gehören dazu genauso wie Feedback begeisterter Kunden, Storys aus Zeitungen und Zeitschriften oder Geschichten, die Sie bei Recherchen im Internet oder in Anekdotensammlungen gefunden haben. Wählen Sie nur solche Geschichten aus, von denen Sie überzeugt sind. Dabei können Ihnen zwei innere Dialoge helfen:

- *„Ich interessiere mich für Geschichten, die andere Menschen erzählen."*
- *„Ich interessiere mich für Geschichten, die ich selbst erlebt habe."*

Als Messlatte können folgende Fragen dienen: Was gefällt mir? Was war lehrreich, originell und spannend? Was passt zu meinen beruflichen Aufgaben?

Trainieren Sie, Ihre Geschichten zu erzählen

Nutzen Sie die nächsten Präsentationen wie auch andere kommunikative Situationen, um möglichst oft Geschichten und anschauliche Beispiele zu erzählen. Für einen Vortrag sind sie allerdings nur förderlich, wenn sie kurz und knapp erzählt werden. Wie im Kapitel Auftrittsfreude erläutert, müssen Sie sich wohlfühlen, wenn Sie Geschichten erzählen. Erst die Selbstüberzeugung sichert die Akzeptanz beim Zuhörer.

Kopfkino erzeugen: Veranschaulichen Sie Ihre Botschaften

Stellen Sie sich bitte einmal „innovative IT-Lösungen", „Umweltzerstörung" und „Serviceexzellenz" vor. An was denken Sie? Mit Sicherheit nicht an die drei (inhaltsleeren) Begriffe. Unser Gehirn kann sich „innovative IT-Lösungen", „Umweltzerstörung" oder „Serviceexzellenz" nicht vorstellen. Diese Begriffe sind abstrakt und lösen im Gehirn kaum Denkaktivität aus. Daher werden sie vergessen. Unser Gehirn denkt in Bildern und anschaulichen Beispielen. Daher sucht es nach einem konkreten Beispiel, das es den drei Themen sozusagen stellvertretend zuordnet. Sie werden vielleicht beim Thema „innovative IT-Lösung" an ein iPad denken. Beim Begriff „Umweltzerstörung" könnte Ihnen das stark emotional geprägte Bild eines ölverschmierten Pelikans im Golf von Mexiko in den Sinn kommen, der infolge der BP-Ölkatastrophe um sein Leben kämpft. Beim Thema „Serviceexzellenz" fällt Ihnen vielleicht eine Flugreise ein, bei dem die Flugbegleiterin Ihre Reise zu einem ganz besonderen Erlebnis machte.

Es ist also wichtig, abstrakte Aussagen oder Kernbotschaften durch konkrete Beispiele, durch eine Story oder einen Vergleich zu veranschaulichen, damit der Zuhörer weiß, worum es bei Begriffen wie „innovativ", „Verantwortung für die Umwelt" oder „Serviceexzellenz" geht. Diese innere Visualisierung nennt man Kopfkino.

Sie erreichen ein besonders hohes Maß an Aktivierung und Aufmerksamkeit, wenn Sie dem Publikum klarmachen, worin der besondere Nutzen Ihrer Botschaft liegt. Ihr Zuhörer hat während Ihrer Ausführungen ständig die WHID-Formel im Kopf: **W**as **H**abe **I**ch **D**avon, dass ich Ihnen zuhöre, dass Ihr Unternehmen „innovative IT-Lösungen" oder „exzellenten Service" anbietet?

Die Beantwortung folgender Fragen erleichtert es Ihnen, die abstrakte Aussage „Wir bieten innovative IT-Lösungen an", in lebensnahe, konkrete Formulierungen umzuwandeln und Behauptungen mit anschaulichen Beweismitteln zu untermauern:

- Was bedeutet für unser Unternehmen „innovative IT-Lösungen"?
- Was haben meine Zuhörer davon, dass mein Unternehmen innovativ ist?
- Wo liegen unsere Alleinstellungsmerkmale im IT-Bereich?
- Inwiefern profitieren meine Zuhörer davon?
- Anhand welcher Beispiele, Success Stories, Referenzen, Problemlösungen kann ich den Kundennutzen dieser Lösungen veranschaulichen?
- Wo kann ich bei den IT-Lösungen an der Erfahrungswelt und dem Vorwissen der Zuhörer anknüpfen?
- Welche Patente, Preise, Auszeichnungen oder unbestrittene Markterfolge kommen als Beweismittel infrage?
- Welches Bild ist geeignet, die Innovationskraft meines Unternehmens zu veranschaulichen? Womit lässt sich die Innovationskraft vergleichen?

Vermutlich haben Sie eine Fülle an Informationen zusammengetragen. Für Ihre Argumentation sollten Sie sich auf wenige – im Idealfall drei – Punkte konzentrieren. Derartig intensiv brauchen Sie natürlich nur Begriffe zu analysieren, die zu Ihren Kernbotschaften gehören.

So erzeugen Sie bildhafte Szenarien in den Köpfen Ihrer Zuhörer

Mit Hilfe der folgenden Formulierungsvorschläge fällt es leicht, bildhafte Szenarien im Kopf der Zuhörer zu erzeugen und eine Story so einzuleiten, dass Ihre Zuhörer es kaum erwarten können, sie zu hören.

Phantasie und Erfahrungen der Zuhörer aktivieren

* „Stellen Sie sich bitte vor, Sie wären ...“
* „Sie alle kennen XY aus Ihrem Alltag ...“

Analogien zum Thema herstellen

* „Einen ähnlichen Weg haben wir beim Referenzprojekt XY beschritten ...“
* „Die Technologie können Sie vergleichen mit ...“
* „Sie können das statische Grundprinzip mit einem Ackerschachtelhalm vergleichen.“ (Analogiefeld Natur)
* „Jeder kennt Beispiele aus seinem privaten Alltag, wo es bei einem neuen Handy oder bei einem neuen Computer zu Umstellungsschwierigkeiten kommt ...“ (Analogiefeld Alltag)
* „Dass man aus Niederlagen lernen kann, wird Ihnen jeder Spitzensportler bestätigen.“ (Analogiefeld Sport)
* „Unternehmen können viel von einem Symphonie-Orchester lernen.“ (Analogiefeld Musik)

Abstrakte Inhalte veranschaulichen

* „Zwei Beispiele sollen erläutern, was wir unter „Premium-Qualität“ verstehen ...“
* „Der Nutzen dieses Updates lässt sich gut anhand der Erfahrungen eines sehr zufriedenen Kunden erläutern ...“

- „Die Gesamttrasse hat eine Länge von knapp 40.000 Kilometern. Das ist fast einmal um den Äquator."

Aufmerksamkeit wecken und Spannung erzeugen

- „Sie erfahren jetzt das erstaunliche Ergebnis einer Studie, die das Fraunhofer-Institut Ende 2010 vorgelegt hat ..."
- „Jetzt verrate ich Ihnen ein Geheimnis ..."
- „Entgegen aller Prognosen wurde das Produkt zu einem großen Erfolg."

Die oben beschriebenen Stilmittel Icebreaker, Storytelling und anschauliche Beispiele sind unverzichtbar, um Zuhörer zu fesseln und ihre Aufmerksamkeit auf einem hohen Niveau zu halten. Es gibt noch ergänzende motivierende Zutaten, die insbesondere bei Infotainment wirkungsvoll sind und die Gefühle der Zuhörer ansprechen.

Praxistipp:

Merken Sie sich bei Ihren Vorträgen jene Abschnitte, bei denen Ihre Zuhörer Gefühle zeigen, lachen, Beifall spenden. Nutzen Sie diese Rückmeldungen und vervollkommnen Sie diese Passagen. Letztlich entscheidet der Applaus des Publikums!

Aufbau einer elektronischen Motivdatei

Wir empfehlen Ihnen, motivierende Zutaten („Stimulanzien") für Ihre Präsentationen und Vorträge in einer individuell gestalteten (elektronischen) Motivdatei festzuhalten. Sie können Ihr Handarchiv zum Beispiel nach den folgenden Kategorien aufbauen:

Rubrik 1: Storytelling-Logbuch (wie auf Seite 69f. erläutert)

Sammeln Sie solche Geschichten, die Sie gern erzählen. Vergessen Sie nicht humorvolle Anekdoten und heitere Erlebnisse. Die Länge der Storys sollte nach Möglichkeiten eine Minute nicht überschreiten.

Rubrik 2: Zitate, Aphorismen und Sprüche

Nutzen Sie für Ihre Sammlung relevante Links im Internet als Informationsquelle, zum Beispiel:

www.zitate.net (Zitate und Redewendungen),

www.aphorismen.de (mit effizienter Suchmaschine),

www.weltzitate.de (Welt der Zitate),

www.zdown.de.

Rubrik 3: Cliparts, Cartoons und Karikaturen

Achten Sie hierbei auf Originalität und Eigenständigkeit. Amerikanische Clipart-Bibliotheken sind für die Einstellungen und Sehgewohnheiten unserer Zuhörer weitgehend unbrauchbar. Üben Sie Zurückhaltung bei Powerpoint-Cliparts, weil die meisten dieser Clips inzwischen fast jedem – rund um den Globus – bekannt sind.

Wenn Sie eine Karikatur verwenden, vergessen Sie nicht, den Namen des Karikaturisten zu vermerken. Noch besser: Lassen Sie sich zu Ihren Präsentationsthemen passende Karikaturen anfertigen: Hierzu stellen Sie typische Situationen und Motive Ihres Unternehmens, Bereichs oder Ihrer Produktpalette und Kernkompetenzen zusammen und bitten einen Karikaturisten, Ihnen entsprechende Vorschläge zu machen. Vergessen Sie dabei nicht, den Preis vorher auszuhandeln.

Rubrik 4: Fotos und Videoclips

Verwenden Sie keine amateurhaften Bilder und Videoclips. Investieren Sie in Profifotos und bewegte Bilder in Top-Qualität. Es lohnt sich, professionelle Hilfe bei der Gestaltung bedarfsgerechter Fotos in Anspruch zu nehmen oder fertige Motive über ein Portal zu erwerben:

www.fotolia.de (kostenpflichtige Bilderdatenbank),

www.jupiterimages.com (auch mit kostenlosen Downloads),

www.imagepoint.biz (kostenpflichtige Bilddatenbank),

www.istockphotos.com (günstige Online-Bilddatenbank),

www.elektravision.de (große Auswahl an Cliparts, nach Kategorien geordnet),

www.imagesource.com (kostenpflichtige Bilddatenbank),

www.youtube.com (Videoclips).

5 Fokus auf Kernbotschaften – Was will ich meinem Publikum sagen?

Redner machen sich häufig nicht klar, warum Sie zum Publikum sprechen. Sie haben keine Vorstellung davon, was ihre Kernaussagen sind und warum der Vortrag für ihre Zuhörer wichtig sein soll. Für die Qualität und die Lebendigkeit des Auftritts ist aber entscheidend, in welche Richtung Sie Ihre Zuhörer lenken und bewegen wollen. So kann es beispielsweise Ihr Ziel sein, von einem Angebot zu überzeugen, Problembewusstsein für eine Neuerung zu schaffen oder das Verhalten der Zuhörer zu ändern.

Sie sind am besten, wenn Sie sich zu 100 Prozent mit dem Thema identifizieren. Wenn es *Ihr* Thema ist. Und wenn Sie Ihre Kernbotschaften klar im Kopf haben. Stehen Sie nur halbherzig hinter Ihrem Thema, dann gehen Sie mit wenig Engagement vor das Publikum und haben mit Unsicherheit und Lampenfieber zu kämpfen.

In diesem Kapitel erfahren Sie,

- was wir unter dem Begriff „Kernbotschaft" verstehen,
- wie Sie Ihre Kernbotschaften erarbeiten können und
- wie Sie Ihre Kernbotschaften mit weiteren Inhalten unterfüttern.

> **Stellen Sie sich die Frage: Warum soll es sich aus Sicht des Publikums lohnen, Ihnen 10, 30 oder sogar 60 Minuten Zeit zu schenken?**

Was ist eine Kernbotschaft?

„Mit diesem revolutionären Produkt schließen wir die Lücke zwischen Handy und Laptop!" Damit hatte Apple-Chef Steve Jobs die Kernbotschaft seiner legendären Präsentation im Januar 2010 in eine griffige Aussage zusammengefasst. Mit dieser Kernbotschaft hat er die aufsehenerregendste Produktinnovation des Jahres – den Tablet-PC „iPad" – vorgestellt. Diesen Satz wiederholte er immer wieder: Auch wenn sich seine Zuhörer an diesem Tag sonst nichts gemerkt haben – diesen Satz werden sie auf jeden Fall mit nach Hause genommen haben. Außerdem werden sie dadurch den Mehrwert des iPad – nämlich ein sehr handlicher und flacher Computer zum Lesen und Telefonieren zu sein – verinnerlicht haben.

Eine Kernbotschaft ist die zentrale Aussage eines Vortrags: Kurz, prägnant und einprägsam. Eine Kernbotschaft bringt den „Nutzen" der Präsentation für die Zuhörer auf den Punkt. Sie ist das, was sich Ihre Zuhörer merken und weitererzählen sollen. Sie reduzieren bei einer Kernbotschaft ein komplexes Thema auf ein oder zwei Sätze. Diese stellen eine Kurzfassung, stellen die Quintessenz des Vortrags dar.

Ihre Kernbotschaft ist der Dreh- und Angelpunkt Ihrer Präsentation und die Richtschnur für Stoffsammlung und Strukturierung; außerdem hat sie Einfluss auf Wahl und Einsatz der Medien.

Konzentrieren Sie sich bei Ihrer Präsentation auf maximal drei Kernbotschaften, damit liegen Sie bei den meisten Präsentationsanlässen richtig. Eine Reduktion der Inhalte auf wenige Kernbotschaften ist notwendig, weil wir Menschen nur eine begrenzte Aufnahme- und Merkfähigkeit haben.

Sie können die Wirkung Ihrer Kernaussagen verstärken, wenn Sie sie mit einem Bild kombinieren. Suchen Sie daher jeweils ein geeignetes Schlüsselbild, das Ihre Kernaussagen transportiert. Dabei kann es sich um Fotos, Personen, Tiere, Symbole oder virtuelle Figuren handeln. Dieses Schlüsselbild soll die Zuhörer emotional ansprechen, mit der Kernbotschaft korrespondieren und Ihre sachlichen Argumente emotional aufladen.

Wie erarbeitete ich Kernbotschaften?

Bei der Erarbeitung Ihrer Kernbotschaft reduzieren Sie Ihr Thema oder Teile daraus auf ein oder zwei, höchstens jedoch drei Sätze, die jeweils die Quintessenz Ihrer geplanten Aussagen bilden.

Die folgenden Fragen helfen Ihnen hierbei:

- Wie erkläre ich den Zuhörern in zwei, drei Sätzen, welches der Kerninhalt meines Themas ist?

- Welcher Satz soll am Tag nach meiner Präsentation die virtuelle Headline des Zeitungsartikels sein, der darüber berichtet?
- An welche Botschaften sollen sich meine Zuhörer erinnern, wenn sie nach zwei oder mehr Wochen an meine Präsentation denken?
- Worauf genau will ich bei meiner Präsentation hinaus?
- Was soll nach der Präsentation anders sein als vorher?

Sie können sich den Prozess der Komplexitätsreduktion beim Formulieren einer Kernbotschaft anhand Abbildung 7 verdeutlichen.

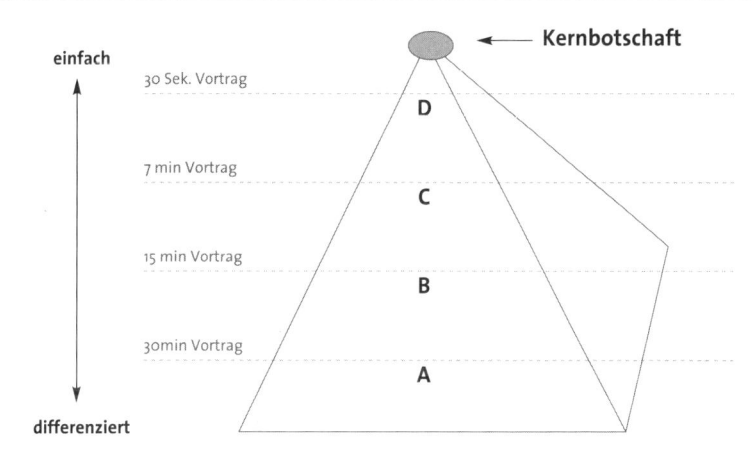

Abbildung 7: Komplexitätsreduktion – Botschaften auf den Punkt bringen

Der Fuß der Pyramide steht für eine differenzierte, ins Detail gehende Präsentation. Je mehr Sie sich in Richtung Spitze bewegen, umso weniger Zeit haben Sie für Ihren Vortrag. Die eingezogenen Linien zeigen dies exemplarisch. Die Buchstaben A bis C symbolisieren Vortragsszenarien, bei denen Sie 30, 15 und 7 Minuten Zeit zur Verfügung haben. Die Linie D kennzeichnet den sogenannten Elevator-Test: Hierbei erläutern Sie die zentrale Aussage Ihrer Präsentation in einem Statement von etwa 30 Sekunden Dauer. Das höchste Maß an Komplexitätsreduktion ist gegeben, wenn Sie Ihre Kernbotschaft in ein oder zwei Sätzen zusammenfassen. Dafür steht die Spitze der Pyramide.

Nutzen Sie ETHOS, um Kernbotschaften zu gewinnen

Das Thema Ihrer Präsentation können Sie stets nach Sachbereichen (Aspekten) aufschlüsseln. Dabei lassen sich vor allem bei berufsbezogenen Themen die im untenstehenden Kasten dargestellten Aspekte unterscheiden, so wie ein Prisma Licht in Spektralfarben zerlegt. Sie können beispielsweise beim Thema „iPhone" wirtschaftliche, technologische, menschliche, organisatorische oder soziale Aspekte in den Mittelpunkt Ihrer Präsentation stellen. Welche Aspekte – auch kombiniert – Sie jeweils in Ihrer Präsentation thematisieren, hängt von Zielsetzung, Situation und Zuhörerschaft ab.

Aspekte	Beispiele
E conomical = wirtschaftliche Aspekte	Wettbewerb; Märkte; Umsatz; Kosten; Gewinn; Return on Investment; Wirtschaftlichkeit
T echnical = technische Aspekte	Engineering; Stand der Technik; technologische Alleinstellungsmerkmale; „best available technology"; „Made in Germany"; Qualitätsstandards
H uman = Beteiligte/Betroffene	Dazu gehören alle Anspruchsgruppen mit Motiven, Bedürfnissen, Einstellungen, Werten und Erwartungen
O rganizational = organisatorische Aspekte	Prozess der Qualitätssicherung; Ablauforganisation; operative Schritte zur Umsetzung
S ocial = Umfeld/Umwelt	Gesellschaftliche und ökologische Aspekte; politische und juristische Rahmenbedingungen; Wertewandel

Abbildung 8: Spektrumanalyse mit ETHOS

Lassen Sie sich von der Arbeitshilfe ETHOS inspirieren, wenn Sie Ihre Kernbotschaften herausarbeiten, und überlegen Sie, welche Gesichtspunkte Sie in Ihren zentralen Aussagen hervorheben wollen. Der Vorteil dieser Arbeitshilfe besteht darin, dass Sie mit Hilfe von ETHOS zum einen sicherstellen können, dass Sie alle Aspekte berücksichtigt haben, und zum anderen rasch herausfinden und festlegen, welche Facette des Themas Sie vorrangig in Ihren Kernbotschaften thematisieren wollen.

Kernbotschaften prägen alle Phasen der Vorbereitung

Ihre Kernaussagen sind ein leitendes Kriterium bei der Erarbeitung Ihres Präsentationskonzepts und bei der Vorbereitung Ihrer Medien. Daher ist es ratsam, die (drei) Kernbotschaften jeweils in einem Satz aufzuschreiben und die Sätze während der Vorbereitung auf einem Merkzettel anzuheften oder auf dem Schreibtisch gut sichtbar zu platzieren. Auch wenn Ihre Zuhörer Schwierigkeiten haben, die präsentierten Details und Fakten zu behalten: Die Kernbotschaften sollten ihnen im Gedächtnis bleiben.

Nun zur Frage, ob man Kernbotschaften vor oder nach der Stoffsammlung formulieren soll: Wenn Sie Ja sagen zu einer Präsentation, werden Sie in der Regel ein hohes Maß an Vorwissen und Fachkompetenz zum Thema mitbringen. Daher dürfte es kein Problem bereiten, Ihre Kernbotschaften vor der Stoffsammlung festzulegen und während der detaillierten Ausarbeitung der Präsentation anzupassen oder anschließend zu justieren. Dagegen ist anders zu verfahren, wenn Sie sich in das zu präsentierende Themenfeld erst einarbeiten müssen. Dann ist es ratsam, zunächst die Inhalte zu erarbeiten und erst danach die Inhalte zu Kernbotschaften zu verdichten. Wir konzentrieren uns im Folgenden auf das Szenario, bei dem Sie a priori fundiertes Fachwissen zum Thema mitbringen.

Der Weg zum Präsentationskonzept

Bei der Vorbereitung geht es – vereinfacht formuliert – darum, Ihre Kernbotschaften mit Informationen und Argumenten zu unterfüttern. Ausgehend von Vorüberlegungen zur Zielbestimmung sowie Zuhörer- und Situationsanalyse sind Inhalte (Argumente, Fakten, Zahlen, Beispiele usw.) zusammenzutragen, die darauf zielen, Ihre Kernbotschaften dem Zuhörer verständlich, anschaulich und einprägsam zu vermitteln. Der letzte Schritt der Stoffsammlung und Strukturierung besteht darin, den Hauptteil zu gliedern und den Einleitungs- und Schlussteil Ihrer Präsentation zu entwickeln. Daran anknüpfend ist der Medieneinsatz vorzubereiten (siehe dazu Kapitel 6).

Schritt 1: Zielbestimmung, Zuhörer- und Situationsanalyse

Ihre Kernbotschaften sind abhängig von Ihren Präsentationszielen, den Zuhörern und der Situation. Deshalb ist es erforderlich, diese drei Bereiche zunächst zu analysieren, bevor Sie sich Ihren Kernbotschaften zuwenden.

Zielbestimmung: Was will ich erreichen?

Mit jeder Präsentation wollen Sie bestimmte Ziele erreichen. Wir unterscheiden hierbei zwischen Sachzielen und persönlichen Zielen.

Sachziele: Wie schon der Name sagt, sind sie sachlicher Natur und betreffen zum einen den Inhalt Ihrer Präsentation und zum anderen das intendierte Ziel. Das könnte beispielsweise darin bestehen, Problembewusstsein zu wecken, zu informieren, zu motivieren, Einwände auszuräumen, eine Entscheidung vorzubereiten oder zu überzeugen.

Prüffrage:

Ich möchte mit meiner Präsentation erreichen, dass ...

Beispiel: Thema Ihrer Präsentation ist eine geplante Umstrukturierung. Mögliche Sachziele könnten sein:

• Ich möchte, dass meine Zuhörer nach der Präsentation die Umstrukturierung positiv sehen und vom Nutzen dieser Veränderung überzeugt sind.

• Ich möchte, dass meine Zuhörer die Notwendigkeit der Umstrukturierung erkennen und Skeptiker nachdenklich gemacht werden.

Persönliche Ziele: Hier geht es vor allem darum, mit dieser Präsentation einen Beitrag zur Förderung des Images Ihres Unternehmens/Ihres Verantwortungsbereichs und Ihrer Person zu leisten. Welches „Gesicht" wollen Sie Ihrem Unternehmen und Ihrem Verantwortungsbereich geben? Durch die Art und Weise Ihrer Präsentation können Sie Ihr persönliches Image pflegen (siehe hierzu Kapitel 1).

Zuhöreranalyse: Zu wem werde ich sprechen?

Vorinformationen über die „Welt" des Kunden bieten Ihnen unverzichtbare Kriterien, um Kernbotschaften und Inhalte adressatengerecht auszuwählen, das Vortragsniveau festzulegen, die Nutzenargumentation herauszuarbeiten und die passenden Medien zu entwickeln. Schlüsselfragen dabei sind: Wie setzt sich das Publikum zusammen? Habe ich Informationen über Anzahl, Alter, Bildungsniveau, Berufsgruppe, Vorkenntnisse, Tätigkeitsfelder und Hierarchieebene im Unternehmen? Was ist aus der Sicht der Zuhörer interessant und wichtig? Welche Erwartungen haben die Zuhörer? Welche Schlüsselthemen gibt es, die die Menschen aktuell bewegen – technische Neuerungen, Umstrukturierungen, Krisen, neue Produkte, Trends usw.? An welche Erfahrungen und Kenntnissen kann ich anknüpfen? An welchen aktuellen Nachrichten aus Wirtschaft, Politik, Wissenschaft, Sport, Gesellschaft kann ich anknüpfen? Mit welchen Einwänden, welcher Kritik und welchen Widerständen muss ich rechnen? Liegt der Fokus eher auf einer sachbezogenen Argumentation oder ist Infotainment erwünscht?

Situationsanalyse: In welchem Umfeld werde ich sprechen?

Um ein Gefühl der Sicherheit und des Selbstvertrauens während Ihres Vortrags zu gewährleisten, sollten Sie – falls möglich – das Umfeld und die Umstände Ihrer Präsentation vorab erforschen: Wie viel Zeit ist für den Vortrag geplant? Soll sich eine Diskussion anschließen? Ist ein Moderator vor Ort, der mich vorstellt und die Diskussion leitet? Bin ich der einzige Präsentator oder ist mein Auftritt Teil einer Vortragsfolge mit wechselnden Rednern? Zu welchen Themen wird vor mir und nach mir gesprochen?

Wenn Sie die Gelegenheit erhalten, den Raum schon einige Tage vor dem angesetzten Termin zu besichtigen, sollten Sie sich nicht nur damit vertraut machen, sondern gegebenenfalls sogar einen Probevortrag (für Sie allein) durchspielen. Klären Sie dabei ab, ob Sie die Möglichkeit haben werden, noch kurz vor Ihrem Termin die Bühne nach eigenen Vorstellungen umzugestalten (siehe auch Seite 33).

Exkurs: Emotionaler oder rationaler Schwerpunkt?

Beachten Sie bei der Festlegung Ihrer Vortragsinhalte wie auch der Schlüsselbilder, inwieweit der Fokus der Veranstaltung auf der Vermittlung sachlicher Botschaften liegt oder ob die emotionale, erlebnisorientierte Dimension im Vordergrund steht. Drei Szenarien lassen sich dabei unterscheiden:

1. *Rational orientierte Vorträge:* Hierbei steht die sachbezogene Argumentation im Vordergrund. Visuelle und multimediale Hilfsmittel unterstützen die Ausführungen. Typische Szenarien: Vorträge vor Analysten oder vor Aktionären; Präsentationen mit technischen Inhalten.

2. *Emotional orientierte Veranstaltungen:* Hierbei geht es vorrangig um Events, bei denen ein erlebnisorientierter Eindruck beim Zuhörer erzeugt werden soll. Emotionale Events kommunizieren häufig Ihre Botschaften mit eindrucksvollen Bildern und Videoelementen sowie mit Stimulanzien wie Humor, Aktionen und Erotik. Es handelt sich dabei häufig um Incentive- und Motivationsveranstaltungen oder Feiern.

3. *Emotionale und rationale Vorträge:* Hierbei zielt die Präsentation auf Infotainment: Die Zuhörer sollen kompetent informiert und gleichzeitig unterhalten werden. Dieser Kategorie sind die meisten vertriebsorientierten Vorträge, Präsentationen bei Kongressen, Mitarbeitertagungen und Messen zuzuordnen.

Machen Sie sich bei der Festlegung Ihrer Kernbotschaften klar, welche Qualität die „emotionale Begleitung" Ihres Vortrags haben soll, auf welcher „Grundmelodie" das Vortragsthema gespielt werden soll.

Schritt 2: Inhalte sammeln

Bei den meisten Präsentationen bereitet es aufgrund der eigenen Erfahrungen und der fachlichen Kompetenz kaum Probleme, relevante Informationen zum Thema zu finden. Dabei sind nur die Inhalte „relevant", die zur Erwartungshaltung der Zuhörer, zu Ihren Zielen und zu den Kernbotschaften Ihrer Präsentation passen. Schwieriger ist es, nichts Wesentliches zu übersehen und die Argumente so formulieren, dass sie auf Ihre Zuhörer überzeugend wirken.

Bei der Zusammenstellung der Argumente können Sie sich ebenfalls an der ETHOS-Analyse orientieren (siehe Seite 78).

Konzentrieren Sie sich auf solche Argumente und Beispiele, die auf die Situation des Publikums zugeschnitten sind. Fragen Sie sich daher bei jedem Argument, inwieweit es bei den Zuhörern Überzeugungswirkung hat und auf deren Bildungsvoraussetzungen und Erwartungen zugeschnitten ist.

Fragen Sie sich, inwieweit jedes einzelne Argument geeignet ist, die eingangs definierten Kernbotschaften zu unterfüttern.

Wenn Sie Produkte und Leistungsangebote präsentieren, sind besonders diejenigen Argumente wichtig, mit denen Sie sich von Mitbewerbern (konkurrierenden Angeboten) positiv abheben. Solche Argumente finden Sie mit den Fragen:

- Worin sind wir unseren Mitbewerbern überlegen?

- Was haben wir, was unsere Mitbewerber nicht haben?

- Was können wir, was unsere Mitbewerber nicht können?

Ihre Beweismittel wie Zahlen, Daten, Fakten, Referenzbeispiele, Best Practices, Erfahrungen Forschungsergebnisse usw. sind für Ihre Überzeugungsarbeit dann geeignet, wenn sie den Zuhörern Nutzen bieten.

Praxistipps

- Lassen Sie alle Argumente und Details weg, auf die Ihre Zuhörer antworten könnten: Na und – was habe ich davon?

- Überlegen Sie auch: Welche Nachteile würden meinen Zuhörern entstehen, wenn Sie mein Angebot (Lösungsvorschlag, Produkt usw.) nicht akzeptieren?

Wählen Sie gezielt auch solche Informationen aus, mit denen Sie Vorwissen und Erfahrungen Ihrer Zuhörer bestätigen und Gemeinsamkeiten herausstellen. Derartige Informationen rangieren in ihrer Bedeutung zwar hinter den neuen Informationen, sie sind für den Zuhörer jedoch wichtig, und zwar zum Einordnen des Neuen und zur Bestätigung der vorhandenen Wissens- und Erfahrungsbestände. Diese Informationen können eine Plattform bilden, von der aus Sie Ihre neuen Ideen, Strategien und Angebote platzieren können.

Schritt 3: Inhalte gewichten

Wenn Sie relevante Inhalte zusammengetragen haben, sind Menge und Niveau der Inhalte auf jenes Maß zu reduzieren, das die Zuhörer angesichts begrenzter Aufnahmekapazität und Präsentationszeit verarbeiten können. Sondern Sie diejenigen Inhalte aus, die Ihren Zuhörerkreis (wahrscheinlich) über- und unterfordern.

Mit einer ABC-Analyse können Sie es sich erleichtern, bei der Stoffauswahl die richtigen Prioritäten zu setzen.

A = *Kern*informationen: Diese Inhalte haben die höchste Priorität und müssen dargestellt werden. Es sind Ihre Kernbotschaften mit den relevanten Details und unterstützenden Beweismitteln.

B = *Rand*informationen: Diese Inhalte sollten gebracht werden. Sie dienen dazu, die Kerninformationen anschaulich, verständlich und überzeugend darzustellen. Dabei handelt es sich um praktische Beispiele, Anekdoten, Vergleiche oder Wiederholungen.

C = *Hintergrund*informationen: Diese Inhalte können dargestellt werden („nice to know it"). Beispiele für diese Kategorie sind detaillierte Informationen zur Firmengeschichte, technische Detailinformationen (die kaufmännisch orientierte Zuhörer überfordern würden) oder eingehende Informationen zur Vorgeschichte eines Projekts.

Schritt 4: Vortrag gliedern

Alle Phasen Ihrer Präsentation sind darauf gerichtet, Ihre Kernbotschaften überzeugend darzustellen und beim Zuhörer nachhaltig zu verankern. Dabei haben Einleitung, Hauptteil und Schluss Ihres Vortrags natürlich unterschiedliche psychologische und dramaturgische Funktionen (siehe Abbildung 9).

Einleitung
Der einleitende Teil ist darauf gerichtet, Aufmerksamkeit zu wecken, guten Kontakt zu den Zuhörern herzustellen, in das Thema einzuführen und Orientierungen zum Ablauf der Veranstaltung zu geben. Wählen Sie Ihren Icebreaker" (siehe Kapitel 4) so aus, dass er zum Beispiel durch ein Nutzenversprechen oder Betonen der Aktualität Spannung für die Kernbotschaft aufbaut. Zudem können Sie den Titel Ihres Vortrags so formulieren, dass er durch ein passendes Motto und ein korrespondieren-

des Schlüsselbild die Zuhörer emotional anspricht und Interesse für Ihre Kernbotschaften aufbaut. Für die Einleitung verwenden Sie etwa 15 Prozent der gesamten Redezeit.

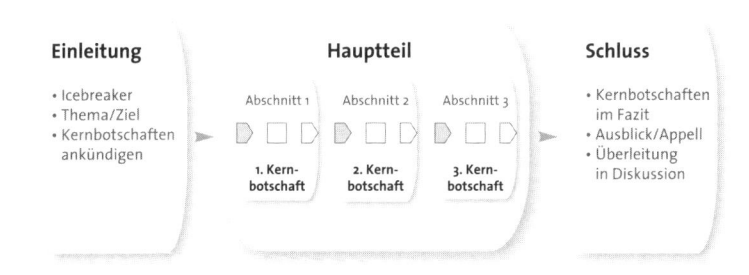

Abbildung 9: Einfaches Aufbauschema für Präsentationen

Hauptteil
In diesem wichtigsten Teil Ihres Vortrags liegt der Schwerpunkt Ihrer Informations- und Überzeugungsarbeit. Der Hauptteil nimmt 75 Prozent der Redezeit in Anspruch. Er sollte drei bis fünf Abschnitte umfassen. Wie die Abbildung zeigt, steht jeder Abschnitt für eine Kernbotschaft, die Sie je nach vorgegebener Präsentationszeit mehr oder weniger detailliert darstellen. Analog zum „Icebreaker" in der Einstiegsphase des gesamten Vortrags ist es ratsam, jeden dieser Abschnitte ebenfalls mit einem kleinen „Aufmerksamkeitswecker" einzuleiten und mit einem kurzen Fazit abzuschließen. Die schraffierten Pfeile symbolisieren die kleinen „Icebreaker". Dadurch können Sie zusätzlich Ihre Kernbotschaften verstärken (vgl. Will 2006).

Was noch zu bedenken ist:

- Reihen Sie die Abschnitte (Kernbotschaften) so, dass der dramaturgische Höhepunkt am Ende des Hauptteils kommt.

- Falls Sie beim Präsentieren Infotainment-Ziele verfolgen: Wechseln Sie zwischen Phasen mit viel und wenig Information, mit viel und wenig Unterhaltung, mit viel und wenig Bewegung auf der Bühne.

- Nutzen Sie die Praxistipps aus dem vierten Kapitel, um die Inhalte emotional, anschaulich und damit einprägsam zu vermitteln.

Schluss

Der Schlussteil Ihrer Präsentation prägt sich beim Zuhörer besonders gut ein. Daher sollte man hier noch einmal die behandelten Kernbotschaften zusammenfassen. Hierbei können Sie den Einstiegsgedanken oder das Motto des Vortrags wieder aufnehmen, mit einem Appell oder Ausblick abschließen und dann in die Diskussion überleiten. Es hat sich bewährt, für den Schluss des Vortrags etwa 10 Prozent der Vortragszeit zu reservieren.

> **Halten Sie unbedingt die vorgegebene Präsentationszeit ein. Für alle Fälle sollten Sie kürzere Versionen Ihres Vortrags im Kopf haben, falls weniger Zeit als geplant verfügbar ist.**

Teilnehmerperspektive beachten

Große Fachkompetenz und gründliche Vorbereitungen nutzen wenig, wenn Ihre Zuhörer das Gesagte nicht nachvollziehen können. Für den Präsentationserfolg ist es daher unverzichtbar, verständlich zu formulieren und auf die Reaktionen der Zuhörer zu achten.

Beachten Sie sowohl bei der Vorbereitung wie auch bei der Durchführung Ihrer Präsentation den Grundsatz, dass Ihre Zuhörer die Inhalte ohne Verständnisschwierigkeiten aufnehmen und verarbeiten können. Dies erreichen Sie dadurch, dass Sie

- die Gliederung Ihrer Präsentation zu Beginn vorstellen,

- den Zuhörern immer wieder zeigen, wie sich die einzelnen Teilthemen in das Gesamtkonzept einordnen,

- die Inhalte am Bildungsstand der Zuhörer orientieren,

- Fachbegriffe/Abkürzungen sowie Fremd- und Fachworte auf das Notwendige beschränken und erklären,

- Ihre Ausführungen an vermutetes/bekanntes Wissen und vermutete/bekannte Erfahrungen der Zuhörer anknüpfen,

- einen Satzbau verwenden, der gleichermaßen anspruchsvoll und leicht verständlich ist,

- die Kernaussagen durch anschauliche Beispiele, Visualisierung und Wiederholung verankern,

- Zusammenfassungen nach längeren Ausführungen und wesentlichen Aussagen machen.

Darüber hinaus fördern Sie die Verständlichkeit Ihrer Ausführungen, wenn Sie eine gute Mischung zwischen Kerninformationen und auflockernden Elementen wie Beispiele, Vergleiche oder eigene Erfahrungen haben. Niemand kann sich über längere Zeit auf gedrängt dargebotene Informationen konzentrieren. Jeder braucht Phasen der Entspannung, des Nachdenkens und Zeit zum Einprägen des Neuen.

6 Powerpoint-Präsentationen –
Tipps für zuhörergerechten Medieneinsatz

Powerpoint kann nicht klüger sein als die Menschen, die es benutzen. Es kann nichts dafür, wenn „Folienschlachten" stattfinden, wenn Schaubilder überladen sind oder wenn Redner in unsinniger Weise das wiederholen, was auf der projizierten Folie zu sehen ist.

Fehlerquellen bei Powerpoint-Präsentationen

- Die Technik steht im Mittelpunkt und nicht der Mensch.
- Folieninhalt und Vortrag passen nicht zusammen.
- Die Folien sind überladen, gleichförmig oder unnötig.
- Elektronische Folienschlachten – Die Folien werden nicht anmoderiert.
- Die Animation ist übertrieben, die Effekte zu schrill.
- Der Vortragende ist unsicher beim Einsatz des Mediums.

Es ist ein Irrtum, Powerpoint oder Keynote für diese Entwicklungen und für das, was Powerpoint-Karaoke ironisierend kritisiert, verantwortlich zu machen. Allein der Vortragende hat es in der Hand, seine Darstellung hirnfreundlich vorzubereiten und durchzuführen. Er ist gefordert, Powerpoint mit Augenmaß einzusetzen und Überflüssiges zu vermeiden. Er kann dramaturgische und rhetorische Stilmittel einbauen, um Spannung zu erzeugen und die Aufmerksamkeit der Zuhörer auf einem hohen Niveau zu halten.

Do's und Dont's für Powerpoint

Die folgenden Empfehlungen helfen Ihnen, die erwähnten Fehler zu vermeiden und Powerpoint mit Auftrittsfreude und Selbstüberzeugung einzusetzen.

Tipp 1: Powerpoint muss zur Welt der Zuhörer passen

Ihr Auftritt sollte sich qualitativ von anderen Präsentationen abheben. Die Qualität Ihres Vortrags wird letztlich von Ihrem Publikum beurteilt. Im modernen Marketing nennt man das „Qualitätswahrnehmung aus Kundensicht".

Für den Erfolg Ihrer Präsentation ist vor allem entscheidend, dass sie positive Gefühle bei den Zuhörern auslöst. Fehleinschätzungen vermeiden Sie dadurch, dass Sie bei der Vorbereitung Ihrer Präsentation die Perspektive wechseln und die Folien sowie die gesamte visuelle Strategie mit den Augen, dem Erfahrungshintergrund und den Präferenzen Ihrer Zuhörer sehen. Dabei sind folgende Fragen hilfreich:

- Welche Medien setzen Ihre Zuhörer vermutlich selbst ein? Beschaffen Sie sich daher im Vorfeld Informationen über die Präsentationskultur im Unternehmen Ihres Kunden, gerade auch im internationalen Geschäft. Weil sich jeder Zuhörer in seiner Welt „abgeholt" fühlen möchte, sollte die Lücke zwischen den Medien, die Sie einsetzen, und den Medien, die der Kunde selbst einsetzt, nicht zu groß werden. So ist es zum Beispiel angemessen, auf Beamer-Präsentationen weitgehend zu verzichten, wenn Sie es mit Entscheidungsgremien der ersten und zweiten Ebene oder mit Politikern zu tun haben. Hier ist häufig ein Handout die bessere Option.

- Gehen Sie Ihre Präsentationsfolien in der Sortieransicht durch und streichen Sie alle Folien, die keinen Mehrwert, keinen Nutzen bringen und die vermutlich den Kenntnisstand und die Bildungsvoraussetzungen des Publikums überfordern oder unterfordern. Parken Sie die gestrichenen Charts als Backup-Folien.

Beachten Sie:

Die Sicht der Zuhörer ist in jeder Phase der Präsentation entscheidend. Wahrnehmen, Verarbeiten und Einprägen der Informationen dürfen an keiner Stelle gestört werden. Oder anders gesagt: Ihre Zuhörer sollten sich während der gesamten Präsentation weitestgehend gut fühlen.

Tipp 2: Verstecken Sie sich nicht hinter Schaubildern: Sie sind die Botschaft!

Es wäre schade, wenn sich die Zuhörer Wochen nach der Präsentation zwar an Powerpoint-Bilder erinnern, nicht aber an den Vortragenden. Achten Sie bei Ihrem Auftritt also darauf, dass nicht Charts und visuelle Highlights Ihre Präsentation dominieren.

Nutzen Sie stattdessen die in Kapitel 3 erläuterten Möglichkeiten, um Ihre Persönlichkeit ins Zentrum zu rücken. Der Technikeinsatz ist nur insoweit sinnvoll, als er Ihre persönliche Ausstrahlung, Flexibilität und die emotionale Beziehung zum Publikum nicht einschränkt. Jedes Präsentationsmedium hat grundsätzlich nur unterstützenden Charakter.

You are the message: Ihr Gesicht, Ihre Persönlichkeit und Ihre Aussagen sollten im Mittelpunkt stehen und nicht leblose Powerpoint-Charts!

Tipp 3: Präsentieren Sie nach dem „Reißverschlussprinzip"

Sie erleichtern dem Zuhörer die Informationsaufnahme, wenn Folieninhalt und Vortrag komplementär ineinandergreifen. Wichtig ist dabei, dass die Information auf der Folie zeitgleich mit dem gesprochenen Wort gezeigt wird. So sichern Sie ein hohes Maß an Aufmerksamkeit und minimieren ablenkende Effekte.

Vermeiden Sie in jedem Falle Doppelungen, indem Sie das vortragen, was auf der Leinwand ohnehin zu sehen ist. Wort und Bild sollten miteinander harmonieren und sich ergänzen.

Als positives Beispiel gilt Steve Jobs: Bei ihm passen mündliche Ausführungen und visuelle Hilfsmittel perfekt zusammen. Er setzt auf einfache, bildhafte Folien mit viel Leerraum bei minimalem Text. Diese Folienaskese schafft den Spielraum, um eine Präsentationsstory zu erzählen und dabei persönlichen Kontakt mit dem Publikum zu halten.

Sie können sich selbst ein Bild davon machen, wenn Sie seine Präsentationen als Kurzfilme auf Youtube.com oder auch auf der Apple-Homepage ansehen.

Aus der Logik des Reißverschlussprinzips folgt, dass die Vortragsfolien „hirngerecht" zu gestalten sind. Daher empfiehlt es sich, in separaten Arbeitsschritten

1. einfache („abgespeckte") Powerpoint-Folien für Ihren Vortrag und

2. selbsterklärende, umfangreichere Folien für das Handout zu erstellen.

Die Folien im Handout sind naturgemäß komplexer. Denn sie müssen es den Zuhörern erlauben, die präsentierten Inhalte (auch ohne die verbalen Ausführungen des Vortragenden) nachzuvollziehen. Die Kriterien für „hirngerechte" Vortragsfolien werden in den Tipps 10 bis 13 dieses Kapitels behandelt.

Tipp 4: Inszenieren Sie Ihre Folien zuhörerorientiert

Als Vortragender kennen Sie in der Regel jedes Bild und die Bilderfolge Ihrer Präsentation aus dem Effeff. Dies kann dazu führen, dass man das Tempo beim Präsentieren falsch einschätzt. Man macht sich nicht klar, dass die Folieninhalte für die Zuhörer neu sind und dass es zu Verständnisschwierigkeiten kommen kann. Machen Sie sich daher bei der Vorbereitung und Durchführung Ihrer Präsentation stets bewusst, dass Ihre Zuhörer den Inhalt noch nicht kennen.

Sie erleichtern den Zuhörern die Informationsaufnahme, wenn Sie Ihre Folien in den folgenden vier Schritten vortragen:

1. Folie ankündigen
Stimulieren Sie die Aufmerksamkeit und das Mitdenken Ihrer Zuhörer durch eine kurze Anmoderation. Hier exemplarisch einige Formulierungsbeispiele:

- „Auf der nächsten Folie sehen Sie die Neuentwicklung im Bild."
- „Aufgrund unserer regelmäßigen Kundenzufriedenheitsanalysen wissen wir recht genau, was unsere Kunden wünschen."
- „Die Umsatzentwicklung des letzten Quartals wird Sie überraschen."
- „Sie werden sich fragen, wie wir das Problem in den Griff bekommen haben. Das nächste Chart gibt Ihnen die Antwort."

2. Folie einblenden und wirken lassen
Wenn das Chart an der Leinwand erscheint, ist eine kurze Pause von zwei bis drei Sekunden erforderlich – je nach Komplexität des Folieninhalts. In dieser Zeit hat das Publikum Gelegenheit, sich mit dem neuen Informationsangebot vertraut zu machen.

3. Folie erklären
Bei komplexen Folien sollten Sie zunächst Informationen zum Aufbau der Folie geben. Dazu gehören zum Beispiel Lesehilfen zur Beschriftung der Achsen eines Koordinatensystems „Auf der x-Achse sehen Sie die Jahre von ... bis ... Auf der y-Achse die Seminartage pro Mitarbeiter." Oder zur Bedeutung der verwendeten Farben: „Negative Deckungsbeiträge sind rot, die positiven in grün hervorgehoben" Daran anknüpfend bringen Sie relevante Details.

Das erwähnte Reißverschlussprinzip bedeutet hier, die Aufmerksamkeit der Zuhörer exakt auf die Stelle der Folie zu lenken, die Sie gerade erläutern. Bei reduzierten Folien mit nur einer knappen Information ist dies problemlos möglich. Bei komplexen Folien hingegen sollten Sie die Aufmerksamkeit der Zuhörer durch gezielten und sparsamen Einsatz von Animationen steuern. Zusammengehörende Teile blenden Sie nacheinander ein. Natürlich können Sie relevante Kernaussagen auch optisch hervorheben, etwa durch Farben, Fettdruck, Einrahmen oder durch besondere Symbole.

4. Abschließen und Übergang zum nächsten Abschnitt des Vortrags
Insbesondere bei komplexen Themen kann es sinnvoll sein, die Botschaft oder den Mehrwert der Folie noch einmal kurz zusammenfassen.

Danach leiten Sie zum nächsten Punkt Ihrer Präsentation über. Je nach Dramaturgie können Sie den Bildschirm auf „Schwarz" stellen oder die nächste Folie anmoderieren, wie unter Schritt 1 beschrieben.

Tipp 5: Beschränken Sie die Zahl der Folien

Bei den meisten Präsentationen nötigt die vorgegebene Präsentationszeit dazu, die Anzahl der Folien zu begrenzen. Aber wie viele Folien kann ich in der vorgegebenen Zeit zeigen? Wenn Sie sich unter Zeitdruck auf eine Präsentation vorbereiten, können Sie sich bei Folien mittlerer Informationsdichte an der Faustregel „zwei Minuten pro Folie" orientieren.

Bei Präsentationen vor Entscheidungsgremien sollten Sie den Zeitbedarf für die Präsentation vorher zuverlässig einschätzen. Hierzu ist eine Probepräsentation mit Zeitkontrolle sinnvoll.

Faustregel

So viele Folien wie nötig, so wenig Folien wie möglich. Streichen Sie alle Folien, die den Zuhörern keinen Mehrwert bringen.

Tipp 6: Bauen Sie Spannung auf durch dramaturgische Elemente

Um Aufmerksamkeit zu sichern und Ihre Persönlichkeit stärker ins Spiel zu bringen, ist die Frage der Dramaturgie außerordentlich wichtig. Sie können zum Beispiel von Zeit zu Zeit Ihre Bildschirmpräsentation unterbrechen (Tastenkürzel unter Tipp 8) und dann zur zentralen Position gehen, um von dort aus zum Beispiel

- Einleitung und Schlussteil vorzutragen,

- ein Demonstrationsobjekt zu zeigen.

- eine Geschichte, ein Beispiel oder eine Analogie zu erzählen,

- von einem Referenzprojekt zu berichten,

- entscheidende Botschaften zu verstärken oder

- eine Fragerunde zu moderieren.

Eine andere dramaturgische Variante für einen gelenkten Standortwechsel besteht darin, ans Flipchart zu gehen und zum Beispiel „live" ein Strukturbild zu zeichnen oder eine wichtige Zahl anzuschreiben.

Beim Standortwechsel können Sie sich an den auf Seite 49 erklärten neun virtuellen Quadraten orientieren.

> **Sie sind mehr als ein Gerätebediener. Wenn Sie die ganze Zeit am Notebook hantieren, geht der Kontakt zum Auditorium verloren.**

Tipp 7: Die Fernbedienung ist ein Muss

Mit Hilfe einer Fernbedienung können Sie sich während der Präsentation frei im Raum bewegen und auf Knopfdruck die Charts ein- und ausblenden. Dies wirkt professionell und bietet Ihnen mehr Spielraum für Dramaturgie und Medienwechsel. Mit dem integrierten Laserpointer können Sie zudem die Aufmerksamkeit der Zuhörer auf wichtige Punkte an der Leinwand lenken.

Darüber hinaus gibt es „intelligente" Fernbedienungen – sogenannte Gyrotools –, die einen entscheidenden Vorteil haben: Sie können den Mauszeiger direkt über die Bewegung der Hand steuern. Zudem können Sie die erwähnten Funktionen (Schwarzer Bildschirm, Pfeil, Zoom usw.) den Tasten der Fernbedienung leicht zuordnen. Es ist ebenfalls möglich, Makros vorab zu definieren, um während der Präsentation ins Internet, Intranet oder in den Media-Player zu verzweigen. So können Sie beispielsweise auf Knopfdruck Videoclips präsentieren.

Zwei ergänzende Hinweise:

1. Es ist schwierig, mit dem Laserpointer einen fixen Punkt zu markieren. In der Regel wackelt und zittert dieser Leuchtpunkt. Lampenfieber mag dies noch verstärken. Umkreisen Sie daher die Information (Ihr Zielobjekt), die Sie erklären wollen, und schalten Sie den Pointer sofort nach Gebrauch aus.

2. Sie können in vielen Fällen auf Zeigehilfen verzichten, wenn Sie beim Erstellen der Bildschirmpräsentation wesentliche Informationen bereits hervorheben, und zwar durch Anordnung, Animationen, durch Farben, durch Kästen oder Nummerierung von Stichworten.

Tipp 8: Bleiben Sie flexibel durch Tastenkürzel (=Shortcuts)

Tastenkürzel bieten Ihnen die Möglichkeit, bestimmte Funktionen auf Knopfdruck aufzurufen. Dadurch können Sie sofort auf ungeplante

Situationen und Wünsche Ihres Publikums einzugehen. Darüber hinaus besteht die Möglichkeit, beispielsweise aus dramaturgischen Gründen die laufende Präsentation zu unterbrechen oder bestimmte Backup-Folien aufrufen.

Wenn Sie im Präsentationsmodus F1 drücken, erhalten Sie eine komplette Übersicht aller verfügbaren Tastenbefehle.

Zwei Tastenkürzel haben sich während einer Präsentation besonders bewährt:

1. Foliennummer „n" + Eingabetaste = Zu Folie „n" wechseln
Damit können Sie immer zu einer bestimmten Folie „springen" und wieder zurück.

2. Taste B oder . (Punkt) = Bildschirm schwarz ein-/ausblenden
Sie können Ihre Bildschirmpräsentation auf Knopfdruck unterbrechen und andere Aufmerksamkeitsreize setzen.

Damit Sie während Ihres Vortrags die nächsten Folien anmoderieren können und bei Zwischenfragen einen schnellen Überblick über deren Reihenfolge haben, ist es wichtig, die Präsentation im Handzettelmodus (z. B. sechs oder neun Folien pro Seite) oder als Gliederungsansicht für sich selbst auszudrucken.

Tipp 9: Halten Sie „Notprogramme" für technische Pannen bereit

Es gibt Ihnen zusätzlich Sicherheit, wenn Sie eine der folgenden „Notfallstrategien" vorbereitet und trainiert haben:

Wenn es zu einem „Absturz" während der Einleitung oder im Hauptteil der Präsentation kommt, können Sie die Tischvorlage verteilen und die Inhalte anhand dieses „Dauermediums" präsentieren. Falls ein Handout oder Ähnliches nicht verfügbar ist, bleiben Ihnen nur der verbale Vortrag und die unterstützende Nutzung des Flipcharts oder Copyboards. Üben Sie vorher beide Varianten. Streikt die Technik in der Schlussphase Ihrer Präsentation, fassen Sie einfach die Kernbotschaften der Präsentation zusammen und leiten zur Diskussion über.

Folgende Praxistipps geben zusätzlich Sicherheit:

• Nehmen Sie stets für alle Fälle Ihre Präsentation auf Stick oder DVD mit.

Ich persönlich nehme zum Beispiel zusätzlich zu jedem Seminar und Vortrag ein zweites Notebook plus Beamer mit: Man weiß ja nie genau, was einen vor Ort erwartet ...

- Überlegen Sie, wie Sie die Kernbotschaften Ihrer Präsentation am Flipchart darstellen würden. Machen Sie vorab einige Skizzen und nehmen Sie zur Sicherheit Flipchartstifte (zwei schwarze/einen roten) mit.

- Zur Vorbereitung sollte auch eine Kurzversion Ihrer Präsentation gehören. So sind Sie für den Fall gewappnet, dass man Ihnen die zugesagte Vortragszeit reduziert: Gehen Sie dazu in die Foliensortieransicht und blenden alle Charts aus (auf Folie „n" gehen, rechte Maustaste und auf „Folie ausblenden" klicken), die Neben- und Randinformationen beinhalten. Diese Variante speichern Sie dann unter dem gleichen Titel mit dem Zusatz „Kurzvortrag" ab.

Folien „hirngerecht" gestalten

Bei der Gestaltung der Folien ist darauf zu achten, dass Ihre Zuhörer aufmerksam bleiben und die präsentierten Inhalte gut verarbeiten können. Die folgenden Empfehlungen helfen Ihnen dabei.

Tipp 10: Begrenzen Sie die Informationsmenge pro Folie

Weil Folieninhalt und Vortrag komplementär ineinandergreifen (Tipp 3), sollten Ihre Vortragsfolien einfach und nicht (!) selbsterklärend gestaltet werden:

- Verzichten Sie daher auf überflüssige Details. Die entscheidende Frage muss hierbei lauten: Welche Kerninformation will ich mit dieser Folie bei den Zuhörern verankern? Lassen Sie alles weg, was nicht dazugehört.

- Selbsterklärende Folien gehören ins Handout. Sie erlauben es den Zuhörern, sich später die präsentierten Inhalte ohne Verständnisprobleme noch einmal bewusst zu machen. Übrigens sparen Sie Zeit, wenn Sie zuerst die selbsterklärenden Folien und erst in einem zweiten Schritt die abgespeckten Vortragsfolien erstellen.

- Nutzen Sie die Tischvorlage auch für differenzierte Details, Quellenangaben, komplette Auflistungen und unübersichtliche Organigramme. Formulierungsbeispiel: *„Sie sehen hier im Bild drei besonders attraktive Produktmerkmale. Die komplette Übersicht der technischen Produktmerkmale finden Sie im Handout auf Seite 16 ff."*

- Wenn nicht zwingende CI-Vorgaben Ihres Unternehmens eine andere Vorgehensweise vorschreiben, sollten Sie nur auf der ersten und letzten Folie ein Firmenlogo einbauen. Logos erhöhen weder die Glaubwürdigkeit, noch dienen sie als Argument. Stattdessen besteht die Gefahr, dass Ihre Präsentation den Touch einer Dauerwerbesendung bekommt. Da die Zuhörer jedoch die Tischvorlage mitnehmen, sollte hier auf jeder Folie das Logo eingefügt sein.

Verständlichkeitstest:

Zeigen Sie jemandem die einzelnen Charts jeweils 2 Sekunden: Wenn diese Person den jeweiligen Inhalt anschließend wiedergeben kann, hat Ihr Chart den Test bestanden.

Tipp 11: Einfache Folien mit Leerraum

Wenn Sie Folien entwickeln, lassen Sie sich von dem Rat Einsteins leiten: „Alles sollte so einfach wie möglich gemacht sein, aber nicht einfacher." Schlichtheit ist ein elementares Prinzip in der Welt des Designs.

Einfache Folien sind dadurch gekennzeichnet, dass Sie die Aufmerksamkeit des Zuhörers rasch auf die zentrale Aussage lenken und leicht zu verstehen sind:

- Haben Sie Mut zum Leerraum. Lassen Sie mindestens 25 Prozent der Folie frei. Jede Folie sollte „atmen". Das Prinzip des Leerraums hat einen hohen Stellenwert in der ZEN-Präsentations-Philosophie (siehe z. B. Garr Reynolds). Demnach verbinden wir im Unterbewusstsein Leerraum mit Qualität, Relevanz und Kultiviertheit: Leerräume geben dem Menschen Zeit, seine Aufmerksamkeit voll und ganz auf das zentrale Element zu lenken.

- Begrenzen Sie die Anzahl der Zeilen pro Textchart und in Tabellen. In den USA favorisiert man das 4 x 4-Prinzip. Also maximal vier Zeilen und vier Worte pro Zeile. Alles, was weniger ist, wirkt in der Regel besser. Im deutschsprachigen Raum findet man die „magic seven", also maximal sieben Zeilen pro Textchart.

Kein Element darf den Eindruck erwecken, es stehe rein zufällig an dieser Stelle: Besonders harmonisch und ansprechend platzieren Sie Inhalte, wenn Sie die 9-Felder-Regel beachten: Teilen Sie Ihr Chart in neun Felder und verankern Sie die Inhalte an den Kreuzungspunkten des mittleren Feldes.

Tipp 12: Vermeiden Sie Gleichförmigkeiten

Werden mehrere Textfolien, die identisch aufgebaut und animiert sind, hintereinander gezeigt, ist die Gefahr groß, dass sich Langeweile und Desinteresse beim Zuhörer einstellen.

Prüfen Sie daher, inwieweit Sie

- auf Textcharts verzichten oder diese durch Strukturbilder ersetzen können,

- formale Überschriften durch motivierende „Action Titles" verbessern können,

- Informationen durch flächenfüllende Fotos ersetzen können. Setzen Sie dabei auf hochwertige Bilder und Grafiken (siehe z.B. www.fotolia.de, www.istockphoto.com, www.dreamstime.com),

- durch Bilder Emotionen wecken oder verstärken können: Zeigen Sie zum Beispiel nicht Zahlen über Umweltzerstörungen, sondern dramatische Bilder, beispielsweise Überschwemmungen in Pakistan, schmelzende Gletscher in den Alpen oder angeschwemmte tote Fische am Strand von Sylt.

Prüfen Sie bei jedem Chart, inwieweit es Emotionen transportiert, und verbessern sie es gegebenenfalls.

Tipp 13: Vermeiden Sie schrille Effekte und optische Sensationen

Die Medien sollen Ihre inhaltliche Botschaft unterstützen – und sie nicht verdrängen. Der Inhalt muss von sich aus überzeugen! Achten Sie deshalb darauf, dass die Inhalte Ihrer Präsentation nicht durch Multimedia-Klimbim (3D-Charts, wahllose Animationen, Überfrachtung mit Cliparts, Geräuscheffekte bei Folienwechsel, zu schrille Farben, zu viele Schraffuren u. a.) übertönt werden.

Entwickeln Sie ein einheitliches und nicht zu „lautes" Farbsystem, das mit der CD-Strategie Ihres Unternehmens und mit dem Selbstverständnis Ihres Ressorts (oder einer Produktgruppe etc.) abgestimmt ist.

Tipp 14: Nutzen Sie das Flipchart als ergänzendes Medium

Flipchart – Die ideale Ergänzung zu Powerpoint

Das Flipchart ist ein wichtiges Dauermedium für Präsentationen, und zwar bei Gruppengrößen bis zu 30 Personen. Es eignet sich in idealer Weise zur Ergänzung von Bildschirmpräsentationen. Darüber hinaus kann es bei bestimmten Szenarien auch als Hauptmedium eingesetzt werden. Schließlich hilft Ihnen ein Flipchart, um sich bei technischen Pannen geschickt aus der Affäre zu ziehen. In jedem Falle rate ich Ihnen, sich mit den besonderen Chancen des Flipcharts vertraut zu machen und dessen Einsatz zu üben.

Vereinzelt wird in Publikationen die Meinung vertreten, man solle beim Vortrag ganz auf Powerpoint verzichten und als Alternative auf das Flipchart setzen. Derartige Empfehlungen gehen jedoch an der Praxis berufsbezogener Präsentationen vorbei. Zwar gibt es unbestreitbare Vorzüge dieses Dauermediums. Vergessen Sie jedoch nicht, dass

- viele Zuhörer – gerade auch im internationalen Business – Powerpoint-Präsentationen erwarten,

- die Möglichkeiten des Flipchart begrenzt sind,

- Sie vermutlich als wenig kompetent erlebt werden, wenn Sie bei der Vorstellung eines „Hightech-Produkts" mit traditionellen Medien präsentieren.

Sie bereiten sich daher am besten auf das breite Spektrum von Präsentationsanlässen vor, wenn Sie je nach Situation in der Lage sind, Ihre Vorträge mit Powerpoint, mit Flipchart und auch ohne mediale Unterstützung zu halten.

Chancen des Flipcharts

• Sie können Anschriebe optimal auf die betreffende Situation abstimmen.

• Sie haben die Chance, schwierige Zusammenhänge „live" zu erläutern. Am Flipchart entwickelte Handskizzen prägen sich dem Zuhörer häufig besser ein als vorgestanzte Hochglanzfolien.

• Sie können Anschriebe am Flipchart ohne Mühe verändern und ergänzen.

• Sie können mit Hilfe dieses Dauermediums die Gliederung der Präsentation visualisieren. Die Gliederung kann dann während des Vortrags dauernd (daher: *Dauer*medium) im Blickfeld der Teilnehmer bleiben. Die detaillierten Inhalte präsentieren Sie mit Hilfe der Bildschirmpräsentation.

• Sie können entsprechend vorbereitete Flipchartbögen im Raum aufhängen, um einen komplexen Gedankengang zu dokumentieren.

• Sie können Diskussionsbeiträge oder Fragen aus dem Publikum rasch festhalten.

Hinweis:

Heften Sie Ihre Gliederung an eine Pinnwand, damit Ihr Flipchart für weitere Anschriebe nicht „blockiert" ist.

Mögliche Nachteile des Flipcharts

• Die Qualität der Anschriebe hängt von der Handschrift und vom grafischen Talent des Vortragenden ab.

• Unsichere Präsentatoren erleben die Arbeit am Flipchart als schwierig, weil die Anschriebe oft unangenehme Pausen mit sich bringen.

- Beachten Sie: Das Flipchart hat im westeuropäischen sowie nord- und südamerikanischen Raum eine hohe Akzeptanz. Gleichwohl wird es als Hauptmedium von vielen Kunden als vergangenheits- orientiert wahrgenommen. In osteuropäischen und vielen asiati- schen Ländern hingegen wird es sehr selten genutzt. In japani- schen Konferenzräumen sind digitale Whiteboards durchweg ver- fügbar.

- Mit Hilfe von Copyboards können Sie Anschriebe auf Knopfdruck aus- drucken. Zu den Weiterentwicklungen gehört das elektronische White- board. Es erfasst die notierten Informationen sofort und in Farbe auf Ihrem Computer. Von dort aus können Sie das Bild entweder aus- drucken, per Dataprojektor an die Wand projizieren oder als E-Mail versenden.

Tipps und Tricks zur Arbeit am Flipchart

Trainieren Sie, Anschriebe am Flipchart sauber und lesbar zu gestalten. Hier einige Tipps, die Ihnen mehr Sicherheit geben:

- Planen Sie – wenn möglich – vorab die Raumaufteilung und Anord- nung der einzelnen Elemente.

- Schreiben Sie Schlüsselwörter statt Sätze. Beschränken Sie sich auf maximal vier bis fünf Zeilen pro Blatt.

- Schreiben Sie nicht mit der Spitze, sondern mit der Breitseite der Folienstifte.

- Großbuchstaben sollten etwa fünf Zentimeter hoch sein. Auf karier- tem Papier entspricht das etwa zwei Karos. Kleinbuchstaben sollten etwa zwei Drittel so groß sein wie Großbuchstaben.

- Groß- und Kleinschreibung der Worte erhöhen die Lesbarkeit

- Nehmen Sie für Überschriften (Großbuchstaben) drei Karos, für einzelne Schlüsselwörter oder Zahlen vier Karos (etwa zehn Zenti- meter).

- Schreiben Sie die Buchstaben eines Wortes eng zusammen: Das för- dert die Lesbarkeit und hilft, platzsparend zu schreiben.

- Wählen Sie Schwarz als Grundfarbe. Dies kommt der Lesbarkeit zugute, denn Schwarz auf Weiß ist der größte Kontrast für das menschliche Auge. Arbeiten Sie mit einer zweiten Farbe, um zum Beispiel Kerninformationen hervorzuheben (etwa durch Unterstreichen oder Einrahmen). Die Signalfarbe Rot ist am besten geeignet, die Aufmerksamkeit der Zuhörer zu lenken.

Hinweis:

Sie können Ihre Flipchartbögen mit dünnen Bleistiftstrichen präparieren, ohne dass die Zuhörer dies wahrnehmen. Beispielsweise können Sie Strukturbilder oder technische Zeichnungen in der Grundstruktur vorbereiten: Während der Präsentation haben Sie dann nur noch die Linien mit dem Filzstift nachzuzeichnen. Auf diese Weise können Sie Zeichnungen und Bilder „live" entwickeln, die ästhetisch ansprechend aussehen.

Halten Sie Kontakt durch die Touch-Turn-Talk-Technik

Stellen Sie das Flipchart so auf, dass jeder Teilnehmer Ihre Anschriebe problemlos lesen kann. Ähnlich wie beim Präsentieren mit einem Zeigestab an der Leinwand können Sie beim Erklären die Technik des Touch-Turn-Talk nutzen. Hierbei treten Sie sich neben das Flipchart und verfahren in drei Schritten:

1. *Touch:* Berühren Sie mit der Hand den Punkt, den Sie erläutern wollen (noch nicht sprechen!).

2. *Turn:* Drehen Sie den Oberkörper zum Publikum, während Ihre Hand auf dem Punkt verweilt.

3. *Talk:* Sprechen Sie und halten Sie dabei Blickkontakt zu den Zuhörern.

Wenn Sie sich mit Flipchart und Pinnwand intensiver beschäftigen wollen, empfehle ich Ihnen diesen lesenswerten Ratgeber: Weidenmann, B.: 100 Tipps für Pinnwand und Flipchart. Weinheim 2008.

Besonderheiten beim Einsatz von Videomitschnitten

Videoclips und Filme bieten die Chance, die Realität durch bewegte Bilder sehr anschaulich und eindrucksvoll darzustellen und lassen sich mit wenigen Handgriffen in eine Powerpoint-Präsentation einfügen.

In berufsbezogenen Präsentationen werden Videosequenzen vor allem eingesetzt, um

- das eigene Unternehmen oder einzelne Sparten davon vorzustellen (Imagefilm/Firmenvideo),

- komplizierte Problemlösungen, Prozesse und Entwicklungen verständlich zu erklären,

- Referenzobjekte in bewegten Bildern zu zeigen und Aussagen von zufriedenen Kunden oder Referenzpersonen zu präsentieren (USA),

- Statements von Personen aus dem eigenen Unternehmen oder aus Wirtschaft, Forschung und Politik im O-Ton einzublenden (zum Beispiel Grußworte oder Aussagen zu umstrittenen Themen),

- neue Erkenntnisse aus Forschung und Technik audiovisuell vorzustellen.

Informierende und erklärende Videos können je nach Thema an verschiedenen Stellen Ihres Präsentationsdrehbuchs eingebunden werden. Sie dienen dazu, verbal vorgetragene Kernkompetenzen zu illustrieren. Das bewegte Bild hilft also, abstrakte Nutzenargumente anschaulich darzustellen und dadurch beim Zuhörer nachhaltiger zu verankern.

Worauf bei Video-Einschüben zu achten ist:

- Hohe Qualität und didaktische Eignung sichern

- Kurze Video-Einschübe bevorzugen

- Verständnishilfen geben

Hohe Qualität und didaktische Eignung sichern

Achten Sie darauf, dass die eingesetzten Videosequenzen allgemeine Qualitätsstandards erfüllen. Die meisten Zuhörer haben durch Fernsehen und Internet hohe Ansprüche an Dramaturgie und Inhalte von

Videoclips. Achten Sie daher bei der Auswahl der Filme darauf, diesen Erwartungen Rechnung zu tragen.

Prüfen Sie stets, inwieweit ein Videoelement zum Szenario Ihrer Präsentation passt. Kontrollfragen: Inwieweit trägt die Filmsequenz dazu bei, meine Präsentationsziele zu erreichen und bestimmte Inhalte verständlich und eindrucksvoll „rüberzubringen"? Inwieweit bietet sie zusätzliche Chancen, Interesse und Emotionen zu wecken, zu informieren oder zu überzeugen sowie Image und Kompetenz des Unternehmens aufzubauen?

Kurze Video-Einschübe bevorzugen

Beschränken Sie sich auf kurze Video-Einschübe. Nur in Ausnahmefällen sollten Video-Einschübe länger als eine Minute dauern. Sonst besteht die Gefahr, dass Sie als Vortragender an den Rand gedrängt werden und Ihr Vortrag im Vergleich zum Video eher langweilig wirkt:

- In der Regel ist es nicht ratsam, einen Videoclip bereits zu Anfang einer Präsentation zu zeigen, weil der persönliche Kontakt zu den Zuhörern die Einstiegsphase prägen sollte. Allerdings kann es bei Fachtagungen und Kongressen aus dramaturgischen Gründen sinnvoll sein, mit einem kurzen Clip von 30 Sekunden Aufmerksamkeit und Interesse für das Thema zu wecken.

- Ein eindrucksvolles Video können Sie als Stimulanz für den Fall bereithalten, dass die Aufmerksamkeit des Publikums sinkt.

Verständnishilfen geben

Zunächst ist wie bei allen Medien auch bei Video-Einschüben darauf zu achten, optimale Voraussetzungen für die Verarbeitung der bewegten Bilder zu schaffen. Daher empfiehlt es sich, den Video-Einschub anzumoderieren und nach der Vorführung wichtige Aspekte zusammenzufassen.

Sie kündigen den Film an
Hierbei sagen Sie etwas zur Bedeutung des Themas, zu markanten Details sowie zur Dauer des Videos: „... Dieses einminütige Video zeigt Ihnen ein aktuelles Referenzobjekt, das wir in China realisiert haben. Es verdeutlicht die soeben angesprochenen Kernkompetenzen. Sie sehen im bewegten Bild, wie wir den Konstruktionsentwurf realisiert haben."

Sie präsentieren den Film

Manchmal kann es didaktisch geboten sein, das Video an bestimmten Stellen anzuhalten und ergänzende Erläuterungen zu geben. Dies ist vor allem dann wichtig, wenn der Begleitkommentar im Film das Wesentliche nicht hinreichend betont. Nach dem Video-Einschub sollten Sie die Kerninformationen zusammenfassen und auf Wunsch Verständnisfragen des Auditoriums beantworten. Danach leiten Sie zum nächsten Punkt der Präsentation über.

7 Diskussion – Souverän bei Fragen, Einwänden und Störungen

Präsentationen sind häufig mit Diskussionsphasen gekoppelt. In diesen Phasen sind zusätzliche kommunikative Fähigkeiten gefordert. Wenn Sie selbst die Diskussion leiten müssen, befinden Sie sich in einer Zwickmühle: Einerseits sollten Sie als Diskussionsleiter möglichst neutral sein. Auf der anderen Seite haben Sie gleichzeitig nicht nur Fragen, sondern auch Kritik an Ihren Ausführungen zu beantworten.

Denken Sie daran, dass Sie in der Diskussion nicht nur an der Qualität Ihrer Thesen und Argumente gemessen werden, sondern vor allem auch an der Art und Weise, wie Sie mit abweichenden Auffassungen und Kritik umgehen. Vermeiden Sie daher unbedingt jede Demonstration von Überlegenheit und Dominanz, weil dies Abwehr erzeugt und die Akzeptanz beim Zuhörer mindert.

Techniken zur Leitung der Diskussion

Bei der Leitung der Diskussion kommt es darauf an, die Aussprache gekonnt zu eröffnen und zielgerichtet zu steuern. Verhalten Sie sich durchgängig wertschätzend und fair. Gleichwohl sollten Sie während der Diskussion Ihre Kernbotschaften und wichtige Details erneut anbringen.

Die Diskussion gekonnt eröffnen

Für die Eröffnung einer Diskussion hat sich die folgende Auswahl von Moderationstechniken bewährt:

- Stellen Sie offene Fragen
  - „Welche Fragen sind entstanden?"
  - „Wie sehen Sie Ihre Erfahrungen zu diesem Punkt aus?"

- „Wie schätzen Sie diesen neuen Lösungsweg ein?"

  - „Soweit die wichtigsten Vorzüge unseres Lösungsvorschlags. Inwieweit erscheinen Ihnen die gezeigten Produktmerkmale für Ihr Haus praktikabel?"

- Knüpfen Sie an ein (virtuelles) Pausengespräch an:

  - „In der Pause wurde ich gefragt, welche zusätzlichen Einsatzmöglichkeiten unser Produkt XYZ bietet", und beantworten Sie anschließend diese Frage.

- Bringen Sie eigene Erfahrungen ins Spiel:

  - „Oft werde ich gefragt ...",

  - „Insbesondere technisch orientierte Führungskräfte fragen mich häufig ..."

- Sprechen Sie jemanden gezielt an:

  - „Herr Dr. Müller, Sie hatten in unserem Vorgespräch auf die Bedeutung der Recyclingfähigkeit hingewiesen. Wie beurteilen Sie unseren Vorschlag?"

  - „Herr Winkler, wie beurteilen Sie die Umsetzbarkeit dieses Lösungsvorschlags für Ihre Sparte"?

Der Einsatz dieser Form der Diskussionseinleitung ist jedoch kritisch zu sehen, denn sie wird vom Zuhörer häufig als zu direkt erlebt – mit negativen Auswirkungen auf das Gesprächsklima.

Nach unseren Erfahrungen reicht diese Auswahl, um das Auditorium zum Diskutieren zu motivieren.

Bei größeren Veranstaltungen kann es sinnvoll sein, vor der Veranstaltung einen guten Bekannten oder einen Freund (der als Teilnehmer im Publikum sitzt) zu bitten, die erste Frage zu stellen, um das Eis zu brechen.

Diskussion zielorientiert lenken

Bewährt haben sich diese Lenkungstechniken, um als zielorientiert und fair erlebt zu werden:

- Erteilen Sie das Wort in der Reihenfolge der Wortmeldungen. Wenn es turbulent wird, können Sie mit deutlicher Stimme sagen: *„Entschuldigung, es sind mehrere Wortmeldungen. Ich möchte sie gern der Reihe nach beantworten. Herr Maier, Sie hatten sich zuerst gemeldet. Bitte stellen Sie Ihre Frage."*

Wenn zahlreiche und sehr heterogene Fragen und Einwänden kommen, können Sie die Beiträge thematisch bündeln. Begründen Sie dieses Vorgehen und arbeiten Sie anschließend die Fragen ab.

- Greifen Sie in der Diskussion ruhig noch einmal auf Folien oder andere visuelle Hilfsmittel zurück (siehe hierzu Seite 99ff.).

Diskussionsbeiträge wertschätzend behandeln

Auch oder insbesondere in der Diskussionsphase ist ein gutes Klima wichtig: Reagieren Sie daher auf Fragen und Einwände partnerschaftlich. Geben Sie den Grundsatz des Fairplays nie auf, auch dann nicht, wenn Ihr Gegenüber Fangfragen stellt oder unsachlich agiert. Allgemein wirkt es wertschätzend, wenn Sie

- dem Fragesteller Interesse und Zuwendung zeigen,

- situationsgerecht ein paar Schritte auf den Fragesteller zugehen,

- dem Fragesteller Blickkontakt anbieten und ihn ausreden lassen,

- den Teilnehmer mit seinem Namen ansprechen,

- sich bemühen, den Beitrag zu verstehen,

- bei Meinungsverschiedenheiten zunächst die gemeinsamen Punkte herausstellen.

Kernbotschaft am Schluss verstärken

Der letzte Eindruck bleibt besonders nachhaltig im Gedächtnis: Fassen Sie daher am Ende die Quintessenz der Diskussion derart zusammen, dass die wesentlichen Punkte (Kernbotschaften) Ihrer Präsentation noch einmal betont werden.

Basic Skills zum Umgang mit Einwänden

Begreifen Sie Einwände als Chance, denn sie signalisieren im Allgemeinen Interesse der Zuhörer. Gehen Sie daher produktiv mit Einwänden um. Wenn Zuhörer anfänglich ablehnend reagieren, Bedenken oder kritische Fragen formulieren, dann zeigen sie, dass noch Widerstände und Zweifel bestehen oder Ihre Beweisführung nicht als zwingend erlebt wurde. Nutzen Sie Einwände daher als Chance, Wissenslücken und Widerstände zu erkennen und darauf gezielt eingehen zu können.

Vorbereiten auf Einwände und Fragen

Generell wird es Ihnen leichter fallen, in der Diskussionsphase zu bestehen, wenn Sie sich während Ihrer Vorbereitung auch mit möglichen Fragen und Einwänden Ihrer Zuhörer beschäftigen.

Eine sorgfältige Zuhöreranalyse bietet die Chance, mögliche Fragen und Einwände Ihrer Adressaten zusammenzutragen. Überlegen bei diesem Teil Ihrer Vorbereitung, welche Einwände Sie in Ihrem Vortrag vorwegnehmen wollen und welche Sie nur präventiv durchdenken wollen, um auch für die Diskussion gerüstet zu sein. Ich empfehle Ihnen, einige Einwände in Ihrer Präsentation vorwegzunehmen, weil dies Ihre Glaubwürdigkeit und Überzeugungswirkung deutlich unterstützt. Hier einige Formulierungsbeispiele, um Einwände in Ihre Präsentation einzubinden:

- „Sie könnten an dieser Stelle einwenden ..."

- „Hier könnten Sie mir entgegenhalten, dass ..."

- „Wahrscheinlich werden Sie jetzt fragen ..."

- „Wir werden häufig gefragt ..."

- „Ich kann mir vorstellen, dass Sie dabei gewisse Bedenken haben ..."

Möglichkeiten der Einwandbehandlung

Sie haben grundsätzlich folgende Möglichkeiten, mit Einwänden und kritischen Fragen umzugehen:

- Quittieren: Nicken oder sprachlich bestätigen (*„Ja, das sehe ich auch so."* *„Sie haben recht." „Okay.")*.

- Übergehen: Einen unschädlichen Einwand können Sie einfach übergehen.

- Bei sehr speziellen Fragen, die den Großteil der Runde überfordern würden, können Sie eine kurze Antwort geben und dem Fragesteller ein weiterführendes Vier-Augen-Gespräch nach der Veranstaltung anbieten.

- Sie können den Einwand direkt beantworten.

Einwände weich und wirksam beantworten

Je sorgfältiger Sie Ihre Vorbereitung gestalten, umso leichter wird es Ihnen fallen, Einwände und kritische Fragen zu beantworten. Gleichwohl sollten Sie nicht wie aus der Pistole geschossen antworten. Wer ungeduldig auf Einwände reagiert, vermittelt den Eindruck, den Partner nicht ernst zu nehmen und mit vorgestanzten statt mit individuellen Formulierungen zu arbeiten.

Agieren Sie gleichzeitig *weich*, das heißt durchgängig wertschätzend, und *wirksam*, das heißt „konsequent in der Sache". Dabei hat sich folgendes Vorgehen bewährt:

1. Aktives Zuhören
Hierbei geht es darum, aufmerksames Interesse zu zeigen, den sachlichen Gehalt des Einwandes und die Emotionen hinter dem Einwand zu verstehen und den anderen ausreden zu lassen. Analysieren Sie die Motive, die dem Einwand oder der Frage (wahrscheinlich) zugrunde liegen: Will man Sie provozieren, will man Ihre Sicherheit testen oder liegt ein echtes (sachliches) Motiv zugrunde, das zu der Meinungsäußerung geführt hat?

2. Kurze Pause zum Nachdenken
Ein bis zwei Sekunden Denkpause ist aus vielfältigen Gründen vorteilhaft: Sie verlangsamen das Frage-Antwort-Tempo zugunsten qualitativer Antworten. Sie signalisieren dem Fragesteller, dass Sie zugehört haben. Darüber hinaus haben Sie Gelegenheit, zu entscheiden, ob Sie sofort antworten sollen oder ob eine Rückfrage – vielleicht aus taktischen Gründen – günstiger ist.

3. Rückfrage

Sie eröffnet die Möglichkeit, zusätzliche Informationen zu erfragen und die Einschätzung Ihres Gegenübers besser zu verstehen:

- „Mir ist nicht ganz klar geworden, wie das einzuordnen ist.“

- „Darf ich fragen, auf welche Informationen Sie sich stützen?“

Besonders wertschätzend wirken Spiegelungsfragen. Bei diesem „kontrollierten Dialog“ nehmen Sie den Einwand des Gesprächspartners auf und überprüfen durch eine geschlossene Frage, ob Sie den Beitrag richtig verstanden haben.

Beispiele:

- „Habe ich Sie recht verstanden, dass ...“

- „Sie sind also der Meinung, dass ...“

4. Einwände behandeln

Vermeiden Sie unbedingt, auf eine Behauptung, die Ihnen nicht passt, mit einer Gegenbehauptung zu reagieren: Widerstand und Widerspruch oder ein schroffes „Nein“ bauen unnötige Spannungen auf und erzeugen Abwehr.

Redewendungen wie: *„Nein, das stimmt nicht ...“*; *„Nein, da sind Sie falsch informiert ...“*; *„Glauben Sie mir, das läuft in der Praxis nicht ...“* haben den Charakter der Endgültigkeit und führen häufig zu einer emotionalen Einengung („psychologische Reaktanz“) des Partners. Und emotionale Einengung zerstört einen fruchtbaren Dialog, mindert Ihre Glaubwürdigkeit und Ihre Chancen zu überzeugen.

Um wertschätzend und souverän mit Einwänden umzugehen und nicht so leicht unter Stress zu geraten, hat sich der Einsatz von Brückensätzen bewährt.

Was sind Brückensätze?

Mit Brückensätzen steht Ihnen eine leicht einsetzbare Technik zur Verfügung, mit der Sie in einer Diskussion – bis hin zu unfairen Angriffen – souverän agieren und positiv auf das Klima einwirken können. Brückensätze sind das beste Mittel, um auch emotionalen Bedürfnissen (nach Anerkennung, Verständnis, Respekt etc.) der Fragesteller Rechnung zu tragen. Mit Brückensätzen können Sie:

- dem Zuhörer signalisieren, dass Sie ihn verstanden haben,

- Zeit zum Nachdenken gewinnen,

- auf ein Thema zu lenken, das Ihnen entgegenkommt,

- unfaire Angriffe deeskalieren und zum Sachthema lenken.

Wie Sie an den folgenden Beispielen erkennen, sind Brückensätze spezielle Formulierungen, die nicht den Inhalt, sondern den Prozess der Kommunikation betreffen. Sie fungieren als psychologische Puffer und erleichtern es, weich und wirksam mit kritischen Einwänden und anderen Auffassungen umzugehen.

Formulierungsbeispiele für Brückensätze

Ich-Botschaften

- „Das erstaunt mich sehr."

- „Das überrascht mich."

- „Ihre Bemerkung irritiert mich."

- „Ich freue mich, dass Sie diesen Punkt ansprechen."

- „Ich bin Ihnen dankbar, dass Sie auf diesen Aspekt hinweisen."

Verständnis zeigen

- „Ich kann Ihren Standpunkt (gut) nachvollziehen ..."

- „Ich verstehe Ihre Bedenken sehr gut, und deshalb ..."

- „Ich verstehe gut, dass Sie auf XY achten ..."

- „Wenn ich Sie richtig verstehe ..." (Spiegelungsfrage)

Bedingt zustimmen/Lenken auf die Plus-Seite

- „Ich stimme Ihnen zu, jedoch gibt es einen weiteren Punkt, der zu beachten ist ..."

- „Im Grundsatz stimme ich zu. Was den Punkt B angeht, kommen wir zu anderen Ergebnissen ..."

- „Auf den ersten Blick mag das so aussehen. Wenn man jedoch genauer hinschaut, dann ..."

- „Ihre Frage zeigt mir, dass der Mehrwert des Konzepts XY noch nicht klar geworden ist."

- „Sie sprechen negative Erfahrungen an. Dabei wird häufig übersehen, was wir schon erreicht haben ..."

- „Der erste Teil Ihrer Argumentation deckt sich mit unseren Erfahrungen. Was den zweiten Teil Ihrer Aussage angeht, kommen wir zu anderen Schlussfolgerungen ..."

Indirekte und direkte Aufforderung zu antworten

- „Ich bin mir nicht sicher, ob ich Sie richtig verstanden habe, würden Sie bitte ..."

- „Das kann ich nicht nachvollziehen; bitte helfen Sie mir, Sie zu verstehen."

- „Würden Sie Ihre Aussage bitte konkretisieren, damit ich gezielt darauf antworten kann."

- „Was genau meinen Sie damit?"

Exemplarisch werden hier zwei bewährte Einwandtechniken dargestellt (Details in Thiele, A.: Argumentieren unter Stress, 2009).

Die Technik der bedingten Zustimmung

Hierbei greift man einen Aspekt des Einwands auf und stimmt bedingt zu. Danach zeigt man auf, in welchem Teil des Einwands man anderer Ansicht ist.

Formulierungsbeispiele:

- „In diesem Aspekt stimme ich Ihnen zu. Wir dürfen jedoch nicht übersehen, dass ..."

- „Im Grundsatz stimme ich zu. Was den Punkt XY angeht, kommen wir zu anderen Ergebnissen ..."

- „Der erste Teil Ihrer Bemerkung deckt sich mit unseren Erfahrungen. Was den zweiten Teil angeht, kommen wir zu anderen Ergebnissen ..."

Die Plus-Minus-Methode

Jeder Lösungsvorschläge, jedes Produkt, jede Strategie hat Vorteile und Nachteile. Wenn ein Zuhörer in der Diskussionsphase einen kritischen Einwand (Nachteil) formuliert, können Sie mit Hilfe eines Brückensatzes vom Minus- auf das Plus-Spielfeld lenken.

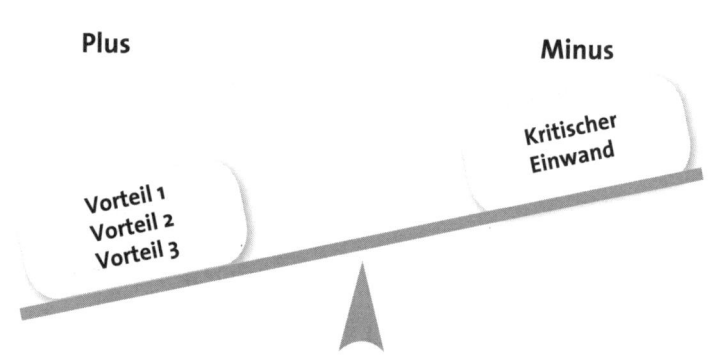

Abbildung 10: Die Plus-Minus-Waage

Signalisieren Sie dem Fragesteller zunächst durch einen Brückensatz, dass Sie Verständnis für die angesprochenen Nachteile oder Befürchtungen haben:

- „Ich verstehe Ihre Sorgen und Bedenken ..."

- „Sie sprechen zu Recht die Investitionskosten in Höhe von knapp drei Milliarden Euro an ..."

- „Das mag auf den ersten Blick so aussehen; wenn man jedoch genauer hinschaut ..."

- „Ich habe Verständnis für die Forderungen der Mitarbeiter ..."

Daran anknüpfend lenken Sie von der Minus- auf die Plus-Seite und stellen als Gegengewicht die Vorteile und Chancen Ihres Vorschlags dar. Stellen Sie sich im Kopf der Zuhörer eine (virtuelle) Plus-Minus-Waage vor (siehe Abbildung 10). Bei dieser sollten die Plus-Argumente in der Summe stärker wiegen als die Minus-Punkte. Durch die Plus-Minus-Methode können Sie darauf gezielt Einfluss nehmen. Sie werden diese Technik dann gekonnt anwenden, wenn Sie

- die angesprochenen Brückensätze und

- die Plus-Argumente Ihres Vorschlags/Produkts verfügbar haben.

Praxisbeispiel

Der Personalleiter eines Konzerns präsentiert ein Konzept für ein Krisenkommunikationstraining, an dem alle Führungskräfte der ersten und zweiten Ebene teilnehmen sollen. Auf einen kritischen Einwand eines Zuhörers reagiert er mit Hilfe der Plus-Minus-Methode:

Einwand (Aspekt auf der Minus-Seite)
„Die Kosten von über 50.000 Euro stehen in keinem Verhältnis zu dem Nutzen. Der Effekt von Kommunikationstrainings verpufft nach einigen Wochen. Zudem sind die Wirkungen nicht genau quantifizierbar."

Brückensatz
- „Sie fragen zu Recht, ob sich diese Investition unter dem Strich lohnt."

oder

- „Ich bin Ihnen dankbar, dass Sie nach dem Effekt und den Wirkungen dieser Trainingsmaßnahme fragen."

oder

- „Natürlich können Sie mir entgegenhalten, der Kostenbetrag sei zu hoch. Das mag auf den ersten Blick so aussehen."

Ihre inhaltliche Reaktion (Aspekte auf der Plus-Seite)
„Ich möchte noch einmal verdeutlichen, worin der Nutzen dieser Entwicklungsmaßnahme besteht:

1. Unsere Führungsmannschaft bereitet sich im Seminar auf den Ernstfall vor, indem konkrete Krisenszenarien simuliert und Notfallpläne erarbeit werden.

2. Im Training lernen die Teilnehmer, auch bei heiklen Themen und aggressiven Fragestellern gelassen und glaubwürdig zu agieren. Diese Soft Skills sind insbesondere für Stress-Interviews und Pressekonferenzen unverzichtbar.

3. Darüber hinaus haben die Führungskräfte die Chance, aus der mangelhaften Krisenkommunikation anderer Unternehmen und Organisationen zu lernen. Denken Sie zum Beispiel an das arrogante und widersprüchliche Verhalten der BP-Manager bei der Ölpest im Golf von Mexiko oder an die gegenseitigen Schuldzuweisungen der politischen Gremien und Veranstalter nach der Loveparade-Tragödie in Duisburg.

Krisenkommunikationstraining ist daher unverzichtbar, um im Ernstfall vertrauensvoll und schlüssig mit Medien und Öffentlichkeit zu kommunizieren. Kompetent und ohne Widersprüche und ohne Schuldzuweisungen."

Umgang mit unsachlichen Angriffen

Unsachliche Angriffe können sich sowohl auf Ihre Person als auch auf Ihre Argumentation richten. Bei persönlichen Angriffen geht es vor allem darum, Ihre Glaubwürdigkeit zu erschüttern und Sie zu verunsichern. Werden Ihre Sachargumente attackiert, soll die Qualität Ihrer Argumentation und dadurch Ihre Kompetenz infrage gestellt werden.

Ins Arsenal der unfairen Dialektik (Kampfdialektik) gehören unter anderem: Persönliche Angriffe, Beleidigungen, Unterstellung unlauterer Motive, Herabsetzen mit Schlagworten, Ironie und jemanden lächerlich machen. Die häufigste unsachliche Variante ist die Killerphrase. Durch sie versucht Ihr Gegenüber, gute Vorschläge und Ideen rasch abzuwürgen.

Sachthema, Ziel und Fairplay als Haltepunkt

In meinen Dialektik- und Präsentationsseminaren hat sich das Bild einer „mentalen Autobahn" als außerordentlich hilfreich erwiesen, um auch bei heftigen Attacken gelassen zu bleiben und die Situation zu kontrollieren. Das Grundprinzip dieses mentalen Ankers können Sie sich anhand der Abbildung 11 veranschaulichen:

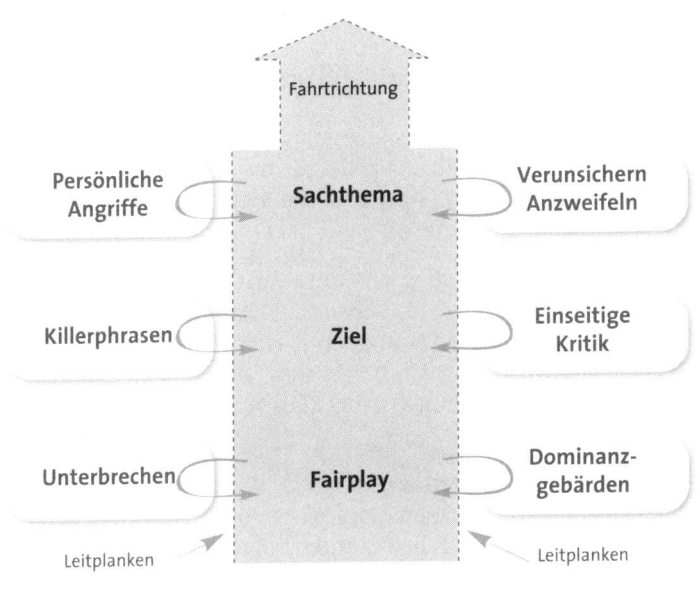

Abbildung 11: Sachthema, Ziel und Fairplay als „mentaler Anker"

Die sachbezogene Diskussion spielt sich auf der grau schraffierten Autobahn ab. Während Sie sich in Rede und Gegenrede mit Einwänden und Fragen auseinandersetzen, bewegen Sie sich mehr oder weniger schnell in Richtung Ziel. Die Leitplanken links und rechts symbolisieren den Spielraum eines fairen Miteinanders. Wer unfaire Mittel einsetzt, bewegt sich außerhalb des sachgerechten Dialogs und begeht Regelverletzungen.

Ihr mentales Programm, mit dem Sie in eine strittige Diskussion gehen, könnte lauten: „Ich widme meine Energie und meine begrenzte Zeit ausschließlich dem Sachthema sowie meiner Zielsetzung und halte mich dabei an das Regelwerk des Fairplays." Wenn jemand beleidigend wird, einen persönlichen Angriff startet oder in einer anderen Weise die Regeln des Fairplays verletzt, bewegt er sich außerhalb dieses abgesteckten Rahmens (der Leitplanken). Egal, um welche unfaire Attacke es sich handelt, Sie lenken die Energie des unfairen Angreifers auf das Sachthema und auf die gemeinsame Zielsetzung. Wenn nötig, erinnern Sie ihn an die Regeln des Fairplays.

Praxisbeispiel: Sie präsentieren den geplanten Changeprozess vor einem internen Kreis von Mitarbeitern. Ein Zuhörer konfrontiert Sie lautstark und provokant mit einer Killerphrase. Um zu deeskalieren, können Sie beispielsweise mit den Formulierungen im Kasten reagieren:

Angriff	„Das alte Verfahren hat sich doch jahrelang bewährt. Warum sollen wir jetzt ohne Not die Pferde wechseln?"
Reaktion	„Herr Maier, ich kann Ihre Bedenken gut nachvollziehen (Brückensatz). Die Neustrukturierung ist aber notwendig, weil sich der Markt tiefgreifend verändert hat und weil wir unsere Wettbewerbsfähigkeit auch in Zukunft sichern müssen. Im Einzelnen ..."
	„Sie sehen den Lösungsvorschlag offenbar mit Skepsis (Brückensatz). Wie sollten wir Ihrer Meinung nach auf die Veränderungen am Markt reagieren?"
	Kommentar: Durch einen Brückensatz den kritischen Einwand aufnehmen und anschließend a) den Hintergrund und die Kernargumente kurz darstellen oder b) den Fragesteller nach seinen Argumenten zu fragen.

Hinweise für den Umgang mit speziellen Stress-Situationen

In der Diskussionsphase Ihrer Präsentation gibt es neben Einwänden und unsachlichen Spielarten zahlreiche Verhaltensweisen von Zuhörern, die häufig als stressig erlebt werden. Diesen sollten Sie frühzeitig gegenzusteuern, weil sonst die Gefahr besteht, dass solche „Störungen" ein Eigenleben entwickeln und sich zu einem „Flächenbrand" ausweiten.

Frühe Diskussionsbeiträge

Wenn bereits in der Einstiegsphase Ihrer Präsentation Fragen gestellt werden, kann sich daraus eine zeitraubende Diskussion entwickeln, die Ihr Konzept durcheinander bringt.

Bewährte Interventionen:

- Beantworten Sie Verständnisfragen sofort und bieten Sie die Beantwortung weiterführender Fragen und Einwände im anschließenden Diskussionsteil nach Beendigung des Vortrags an. Dies fällt leichter, wenn Sie bereits in der Einleitung Ihre Zuhörer auf dieses Vorgehen hinweisen.

- Die sofortige Beantwortung früher Fragen oder Einwände kann man häufig durch den Hinweis auf spätere Gliederungspunkte umgehen. „Herr Schumann, Sie fragen nach der Kostenwirtschaftlichkeit dieser Lösung. Ich komme im späteren Verlauf der Präsentation eingehend darauf zu sprechen. Sind Sie einverstanden, wenn ich daher Ihre Frage ein paar Minuten zurückstelle?"

Privatgespräche und Unruhe im Plenum

Wenn Zuhörer Privatgespräche führen, geht es häufig um einen Aspekt Ihrer Präsentation. Intervenieren Sie erst, wenn dieses Verhalten einen unangemessenen Umfang annimmt und infolgedessen der Erfolg Ihrer Präsentation gefährdet ist.

Reaktionsmöglichkeiten:

- Aktivieren Sie die Teilnehmer durch offene Fragen „Inwieweit habe ich mich verständlich machen können?" „Was ist offen geblieben?" „Welche Erfahrungen haben Sie damit gemacht?"

- Stellen Sie noch einmal den Nutzen Ihres Vorschlags heraus.

- Setzen Sie rhetorische Mittel ein: Lautstärke variieren, Dynamik und Emotionen zeigen, anschauliche Beispiele, Geschichten und Analogien.

- Bemühen Sie sich, die desinteressiert wirkenden Teilnehmer (über „Schlüsselwörter", die mit ihrem Ressort zu tun haben) zu aktivieren und an der Diskussion zu beteiligen.

- Wenn dies alles nicht hilft, sollten Sie Ihre Präsentation abkürzen, die Kernbotschaft zusammenzufassen und zur Diskussion überleiten.

Monologe und Dominanzgebärden

Es verlangt dialektisches Geschick und Fingerspitzengefühl, mit Teilnehmer umzugehen, die kritische Co-Referate halten oder zu nervtötender Besserwisserei neigen.

Bewährt haben sich diese Reaktionsmöglichkeiten:

- Bei Präsentationen vor ranghöheren Führungskräften ist es im Zweifel ratsam, auch bei längeren Beiträgen geduldig zuzuhören und dann kurz und kompetent zu antworten. Bedenken Sie stets, dass sich hinter den Wortmeldungen eines Teilnehmers auch emotionale Motive (nach Bestätigung oder Anerkennung) verbergen.

- In vielen Fällen können Sie freundlich unterbrechen und mit Spiegelungsfragen das Heft wieder in die Hand nehmen: „Herr Dr. Müller, wenn ich Sie richtig verstanden habe, meinen Sie ...“ Und dann selbst weitersprechen.

- Sie können auch freundlich unterbrechen und eine präzisierende Rückfrage stellen: „Herr Dr. Müller, mir ist nicht klar geworden, welcher Punkt für Sie entscheidend ist?“ Diese Variante bringt allerdings die Gefahr mit sich, dass der Vielredner erneut einen Monolog startet.

8 Transferhilfen – Wie Sie Ihr Präsentations-verhalten spürbar verbessern

> „Wenn ich einen Tag nicht übe, merke ich es,
> wenn ich zwei Tage nicht übe, merken es meine Kritiker,
> wenn ich drei Tage nicht übe, merkt es mein Publikum."
>
> Ignacy Jan Paderewski (Pianist)

Viele Leser glauben, es gäbe einen Königsweg, die Qualität der Präsentationen im Nu und ohne viel Anstrengung zu erhöhen. Das ist jedoch ein Irrtum. Vielmehr sind Geduld und ein psychologisch geschicktes Vorgehen erforderlich, um Inhalte dieses Buches erfolgreich anzuwenden.

Einen Teil der Praxishilfen werden Sie relativ leicht umsetzen können. Dies gilt vor allem für Empfehlungen, die sich auf die kognitiven Aspekte bei der Vorbereitung auf eine Präsentation beziehen. Dazu gehören zum Beispiel der Icebreaker in der Einleitung, der Fokus auf Kernbotschaften oder die hirnfreundliche Erarbeitung visueller Hilfsmittel.

Schwieriger ist es, das Präsentationsverhalten nachhaltig zu verbessern und sich dabei aus eingefahrenen Denk- und Handlungsabläufen zu lösen. Dies ist aber notwendig, um Lampenfieber in Auftrittsfreude zu verwandeln.

Dieses Kapitel hilft Ihnen, Empfehlungen dieses Buches auszuwählen und sie zielgerichtet anzuwenden und zu üben. Schaffen Sie günstige Voraussetzungen für nachhaltige Fortschritte, indem Sie auf der Grundlage einer Stärken-Schwächen-Analyse einen *Anwendungsplan* erstellen und auf „Learning by Doing" setzen: „Keine Kunst ohne Übung." – Dieses Motto gilt auch und gerade für die Kunst des Präsentierens. Zunächst sollten Sie jedoch herausfinden, was Sie bereits können und was Sie sich noch aneignen und verbessern wollen.

Eigene Stärken und Verbesserungspotentiale erkennen

Wer seine persönlichen Stärken und Schwächen erkennen will, benötigt Informationen darüber, *wie er auf andere wirkt*. Diese Frage kann man nicht durch Selbstanalyse beantworten. Vielmehr ist es notwendig, das

Selbstbild (Wie nehme ich mich selbst wahr?) mit dem Fremdbild zu vergleichen (Wie nehmen mich die anderen wahr?). Seien Sie dabei nicht zu streng mit sich. Meine Erfahrungen in Seminaren und Coachings zeigen immer wieder, dass die Selbsteinschätzung häufig schlechter ausfällt als die Einschätzung durch andere.

Hinzu kommt, dass Sie nur durch offenes Feedback Ihren „blinden Fleck" verkleinern können. Dieser umfasst den Anteil unseres (Präsentations-)Verhaltens, der uns selbst unbekannt ist, den die anderen jedoch recht deutlich wahrnehmen. So können Sie durch Feedback beispielsweise in Erfahrung bringen, ob Sie zum Beispiel monoton sprechen, ob die Lautstärke angemessen ist, ob Sie zum Schnellsprechen neigen, ob Sie Kernaussagen betonen, ob Ihre Körpersprache freundlich und positiv wirkt oder ob Sie Unsicherheitsgesten und unkontrollierte Handlungen (Übersprunghandlungen) zeigen.

Bitten Sie daher Menschen Ihres Vertrauens, Ihnen ehrlich und offen zu sagen, wie sie Ihr Verhalten erleben. Dieses Feedback ist im Zusammenspiel mit einer Videokontrolle eine unverzichtbare Hilfe, um die persönlichen Stärken und Schwächen in Erfahrung zu bringen und zu einer realistischen Selbsteinschätzung zu gelangen.

Wer gibt Ihnen ehrliches und offenes Feedback?

- Ehefrau/Ehemann, Freunde, Bekannte?

- Kollegen, Vorgesetzte, Mitarbeiter, Sekretärin?

- Trainer und Teilnehmer in Seminaren?

- Berater und Coaches?

- Teilnehmer Ihrer Präsentationen?

- Im Ausland: Mitglieder der eigenen Delegation und Dolmetscher?

Das Präsentationsverhalten nachhaltig verbessern

Hierbei geht es vor allem darum, einen Anwendungsplan zu erstellen, die „Komfortzone" zu verlassen und neue Erfahrungen zu machen.

Anwendungsplan erstellen

Suchen Sie sich aus den Angeboten dieses Buches diejenigen Ideen her-
aus, die zu Ihrer Persönlichkeit und zu Ihren Vortragsszenarien passen.
Notieren Sie Ihre Lernziele und Vorsätze in Ihrem Anwendungs- oder
Aktionsplan. Es empfiehlt sich, für die einzelnen Vorsätze konkrete Zeit-
ziele einzutragen (Wann beginnen? Wann Erfolgskontrolle?). Überlegen
Sie auch, welche Personen (Teammitglieder, Lernpartner) Ihnen bei der
Realisierung der betreffenden Aktionen helfen können.

Meine Lernziele/ Vorsätze	Beginn	Erfolgskontrolle	Mit wem und wie?
Für den Vortrag			
„Icebreaker" auswählen			allein
Standort bewusst wechseln			Kollege Reiner (Pers. Feedback)
Taste „B" verstärkt einsetzen			Kollege Reiner (Pers. Feedback)
Selbstgesteuerte Übungen usw.			allein (mit Tonband)
Für den Medien- einsatz			
Vortragsfolien hirngerecht gestalten			im Team

Abbildung 12: Muster für einen Anwendungsplan

Beschränken Sie sich auf wenige Trainingsziele und achten Sie darauf,
dass die zuerst ausgewählten Ziele (vermutlich) eine hohe Erfolgswahr-
scheinlichkeit haben. Beispiele hierfür finden Sie in der Tabelle. Wenn
Sie ein Teilziel erreicht haben, aktualisieren Sie Ihren Trainingsplan,
indem Sie ein neues Ziel an die Stelle des erreichten setzen.

Die Komfortzone verlassen

Wenn Sie eine höhere Kompetenzebene beim Präsentieren erreichen wollen, müssen Sie bereit sein, Ihre „Komfortzone" zu verlassen. Dabei ist der Übergang zu einem höheren Plateau und damit zu anspruchsvolleren Vorträgen häufig mit negativen Gefühlen und Selbstzweifeln verbunden, also mit inneren Dialogen der Art: Werde ich das schaffen? Muss ich mir das antun? Was ist, wenn ich beim Publikum nicht ankomme? Lassen Sie sich davon nicht abhalten bei Ihren Bemühungen, ein höheres Qualitätsniveau zu erreichen. Diese neuen Erfahrungen – etwa eine erste Präsentation vor großem Publikum oder ein englischsprachiger Vortrag vor einem internationalen Zuhörerkreis – verursachen zwar Unsicherheiten und Stress. Sie ebnen aber auch den Weg zu einem höheren Präsentationsniveau.

Ins kalte Wasser zu springen ist durch nichts zu ersetzen. Auch nicht durch das ausgefeilteste Mentaltraining oder durch hundert Probevorträge. Man kann zwar dadurch die subjektiv erlebte Sicherheit fördern, der Schritt auf die reale Bühne ist aber der entscheidende Prüfstein. Die Abbildung 13 zeigt den Übergang von einem geringeren Qualitätsniveau beim Präsentieren zu einem höheren.

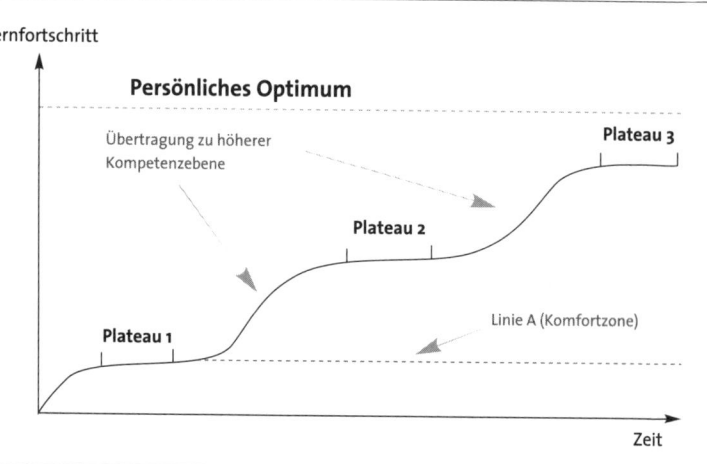

Abbildung 13: Lernfortschritte verlaufen nicht stetig

Weil der persönliche Lernfortschritt nicht stetig, sondern in Sprüngen verläuft, spricht man auch von Lernplateaus. Beispiel: Stellen Sie sich vor, Sie haben bisher nur vor kleinen Gruppen präsentiert, sagen wir bis zu 15 Personen. Sie setzen Powerpoint ein und präsentieren im Grunde seit Jahren in ähnlicher Art und Weise. Sie betrachten Ihre Auftritte als Pflichtübung. Das Feedback der Zuhörer signalisiert Ihnen, dass Sie im Vergleich zu anderen Rednern im mittleren Bereich liegen. Ihr aktuelles Kompetenzniveau wäre in diesem Falle „Durchschnitt". Dieser Persönlichkeitstypus richtet sich in der Komfortzone (Linie A) ein. Er geht neuen Herausforderungen aus dem Weg und reproduziert bei Bedarf die einmal erworbene Präsentationstechnik. Man stagniert auf niedrigem Qualitätsniveau.

Welches Anspruchsniveau Sie an Ihre Präsentationstechnik haben, bestimmen Sie. Wenn Sie einen hohen Anspruch an sich haben, ist es notwendig, mit Freude neue Erfahrungen auf neuen Bühnen zu machen. Versuchen Sie bei Ihrem Üben, Ihr persönliches Optimum auszuloten. Vergessen Sie jedoch nie: Sie sollten sich beim Präsentieren möglichst wohlfühlen.

Sagen Sie Ja zu Fehlern und Misserfolgen

Wenn Sie neue Vortragserfahrungen machen, werden Sie Erfolge und Misserfolge haben. Wichtig ist, dass Sie „Fehler" oder „ausbleibenden Erfolg" positiv bewerten. Es gibt keine Null-Fehler-Kultur bei menschlichen Handlungen. „Fehler" sind nicht nur Wegbegleiter Ihrer rhetorischen Weiterentwicklung, sondern fester Bestandteil der Evolution. Sie führen dazu, es beim nächsten Mal besser zu machen. Interpretieren Sie Fehler daher als Lernquelle „Ich werde dieses und jenes das nächste Mal besser machen, und bin dankbar, dass ich diese Erfahrung machen durfte." Im Übrigen trägt das Wissen um Do's und Dont's beim Präsentieren wesentlich dazu bei, dass Sie sich von Versprechern, Verlegenheitspausen oder Störungen im Publikum nicht verunsichern lassen (siehe auch Seite 30f. und 109ff.).

Bedenken Sie, dass viele der erfolgreichsten Redner wie etwa Demosthenes in der griechischen Antike auch Misserfolge hatten. Sie haben sich aber nicht demotivieren lassen. Im Gegenteil: Sie haben diese Erfahrungen als Ansporn genommen, um weiter zu üben, dazuzulernen und Neues zu erproben.

> „Begabungen können sich nur zeigen, wenn man sie auf die Probe gestellt hat" – so Johann Wolfgang von Goethe. Daher sollten Sie darauf setzen, mit Freude neue Erfahrungen zu machen, und: Handeln besiegt Angst!

Erfahrungen außerhalb des Berufes sammeln

Sammeln Sie auch Erfahrungen außerhalb Ihres beruflichen Wirkungsraumes. Wer nur in der Sicherheit seiner eigenen vier Wände oder seines Arbeitsplatzes bleibt, wird kaum Neues kennenlernen. Er kann zwar Neues lesen, kann Dinge durchdenken, aber reale Erfahrungen machen, die eigenen Begabungen auf die Probe stellen, das kann er nur draußen vor Menschen und in der täglichen Kommunikation.

Sie können zum Beispiel Ihre Rhetorik in Debattierclubs erproben, in Vereinen oder Organisationen Präsentationen halten oder in einer Theatergruppe Bühnenerfahrung sammeln. Scheuen Sie sich nicht, bei einem Jubiläum oder einem Geburtstag ein Grußwort zu sprechen oder an Volkshochschulen Vorträge zu halten.

Schließlich bietet sich die Chance, von anderen Rednern zu lernen. Wenn Sie Kongresse, Fachtagungen oder Events besuchen, sollten Sie die Redner sorgfältig beobachten. Was gefällt Ihnen? Was kommt beim Publikum gut, was kommt weniger gut an? Wie gelingt es den besten Rednern, Gefühle zu wecken und das Publikum zu fesseln? Holen Sie sich Anregungen durch „Lernen am Modell".

Mit Erinnerungsstützen arbeiten

Damit Sie Ihr Trainingsvorhaben ständig präsent haben, brauchen Sie schriftliche und symbolische Merkhilfen. Sonst gilt der Satz: „Aus den Augen, aus dem Sinn!".

Was können Sie konkret tun?

- Bringen Sie Merkzettelchen oder Klebepunkte dort an, wo Sie häufig hinschauen, also zum Beispiel in der Brieftasche, auf dem Schreibtisch, in der Dokumentenmappe, auf dem Rahmen von Schutzhüllen, im Zeitplanbuch, im Smartphone oder Notebook. Im Allgemeinen genügt es, die einzelnen Trainingsziele in einem Wort oder einem Symbol zu notieren.

- Wenn Sie dazu neigen, den Blickkontakt zu den Zuhörern zu vernachlässigen, können Sie einen farbigen Klebepunkt an Ihrem Notebook anbringen. Dieser signalisiert Ihnen während des Vortrags: *Achtung – Zuhörer anschauen!*

- Sie können rhetorische und Regiehinweise auch im Redemanuskript oder Stichwortkonzept anbringen und dabei die Symbole von Seite 54 nutzen.

- Eine weitere Möglichkeit, der Vergessenskurve ein Schnippchen zu schlagen, besteht darin, ein „persönliches Projekt" zum Thema Rhetorik/Präsentieren zu definieren und sich mit Outlook oder einer vergleichbaren Software an diese persönlichen Lernvorsätze erinnern zu lassen. Und zwar so lange, bis Sie das erwünschte Präsentationsverhalten beherrschen.

Selbstgesteuerte Übungen im Alltag

Es gibt eine Reihe rhetorischer Übungen, die Sie im Alltag durchführen können. Die nachfolgenden Trainingsangebote sind auf die Weiterentwicklung Ihrer Körpersprache, Stimme und Sprechtechnik gerichtet. Sie knüpfen damit an den Kernthemen des dritten Kapitels an. Beim Üben sollten Sie ein Tonbandgerät oder eine Videokamera einsetzen und ergänzend Feedback von Lernpartnern einholen, damit Sie sich besser bewusst machen können, was gut gelaufen ist und was noch verbesserungsbedürftig ist.

I. Übungen zur Körpersprache

1. Der sichere Stand

Stellen Sie sich dazu aufrecht so hin, dass Ihre Füße etwa schulterbreit auseinander stehen. Knie und Gelenke sollten locker sein. Verlagern Sie jetzt langsam den Schwerpunkt von einem Bein auf das andere. Spüren Sie, wie Sie sich instabil fühlen, wenn der Schwerpunkt lediglich auf einem Bein ist? Nun verändern Sie Ihre Position so, dass der Schwerpunkt genau über beiden Beinen ist. In dieser Position wirken Sie aus Sicht Ihres Publikums am souveränsten, und: Sie fühlen sich in der aufrechten Haltung „geerdet" und sicher.

2. Grundhaltung der Gestik

Probieren Sie alternative Grundhaltungen aus, zuerst mit einem Zettel oder Kärtchen in der Hand, dann ohne Hilfsmittel. Entscheiden Sie sich für die Grundposition, die Ihnen gefällt und bei der Sie sich wohlfühlen.

3. Gesichtsausdruck

Halten Sie nacheinander zwei Ein-Minuten-Vorträge: Sprechen Sie zunächst über ein Thema, das Sie als sachlich-rational („trocken") einstufen; danach über ein Thema, von dem Sie begeistert sind. Bei der vergleichenden Videokontrolle werden Sie erstaunt sein, wie sich Ihr Gesichtsausdruck und Ihre Gestik verändern, wenn Sie sich zu 100 Prozent mit dem Thema identifizieren (siehe hierzu Seite 26f.).

II. Übungen zur Stimmbildung

4. Die Stimme nach vorn holen

Sprechen Sie zur Übung ganz leise, so dass Ihr Kehlkopf frei von jedem Druck ist und die Stimme weich und entspannt klingt. Nun erhöhen Sie den Luftdruck wieder und sprechen automatisch lauter. Sie sensibilisieren sich durch diese Übung dafür, wie es sich anfühlt, „vorne" zu sprechen. Die Lautstärke kommt dann durch Erhöhung des Luftdrucks von selbst.

Hinweis:

„Vorne zu sprechen" bedeutet, die Laute mit mehr Bewegung von Kiefer, Lippen und Zunge, das heißt gut artikuliert, auszusprechen. Die meisten Laute (außer „k") werden nämlich vorn im Mund gebildet. Dadurch, dass Sie die Resonanzräume des Kopfes und des Mundraumes optimal auszunutzen, verbessern Sie die Artikulation beim Sprechen. Ihre Stimme wirkt entspannt und weich.

5. Eigenton finden

Atmen Sie tief ein und lassen Sie dann die Luft langsam ausströmen. Nun summen Sie beim Ausatmen ein „Hmmm, hmmm, hmmm". Lassen Sie diesen Laut ganz entspannt kommen. Der Ton, den Sie jetzt hören, ist Ihr Eigenton. Er liegt im optimalen Sprechtonbereich („Indifferenzbereich") und lässt Ihre Stimme sicher und positiv wirken.

Einen zusätzlichen Nutzen bringt Ihnen die „Kauübung" nach E. Froeschels. Diese ist dazu geeignet, nicht nur Ihren Eigentonbereich zu finden, sondern gleichzeitig auch die Artikulationsmuskulatur zu entspannen:

Stellen Sie sich vor, Sie kauen Ihr Lieblingsessen (nichts Flüssiges oder zu Weiches) – ganz entspannt und mit geschlossenem Mund. Während Sie beim Kauen intensiv an Ihr „Filetsteak", Ihre „Pekingente" oder Ihre „Nusstorte" denken, lassen Sie Ihre Stimme mitklingen. Dadurch entsteht ein angenehmer Brumm- oder Summton (Mhhmmm ...) in mittlerer Lage. Dies ist Ihre Indifferenzlage.

Aus dem Summton „Mhhmm" heraus können Sie nun zählen oder einzelne Worte und ganze Sätze formulieren. Nutzen Sie diese Miniübung als kleines „Warming up", um Ihre Stimme vor einem Auftritt an Ihre Eigentonlage zu gewöhnen.

6. Artikulation verbessern durch Korkensprechen

Nehmen Sie einen Korken (oder Daumen) zwischen Ihre Zähne und sprechen Sie so deutlich wie möglich einen Text. Beginnen Sie mit drei bis vier Textzeilen, möglichst ohne den Korken/Daumen mit Ihrer Zunge zu berühren. Anschließend lesen Sie den Text noch einmal ganz normal. Der Effekt: Durch regelmäßiges Üben wird Ihre Aussprache deutlicher.

7. Zungenbrecher-Übung

Die folgenden Sätze eignen sich zum Stimmtraining und als „Warming up" vor Präsentationen:

- Brautkleid bleibt Brautkleid, und Blaukraut bleibt Blaukraut.

- Fischers Fritze fischt frische Fische; frische Fische fischt Fischers Fritze.

- Die Katze tritt die Treppe krumm; die Treppe krumm tritt die Katze.

- Ein plappernder Kaplan klebt klappbare Papp-Plakate. Klappbare Papp-Plakate klebt ein plappernder Kaplan.

8. Wiedergabe eines Textes (Reproduzierendes Sprechen)

Wählen Sie einen kurzen Text aus, zum Beispiel einen Zeitungsartikel, und notieren Sie beim Durchlesen markante Stichworte (Sinnträger). Geben Sie dann anhand dieser Stichworte die Quintessenz des Textes mit eigenen Worten wieder. Überprüfen Sie anhand einer Tonbandaufzeichnung, inwieweit Sie den Ursprungstext zutreffend reproduziert haben. Je nach Lernbedarf können Sie auch Ihre Stimme und Sprechtechnik analysieren, und zwar im Hinblick auf Betonung, Pausen, Dehnungslaute, Stereotype.

9. Sprechen aus dem Stegreif (Kreatives Sprechen)

Schlagen Sie eine Zeitung oder eine Zeitschrift mit geschlossenen Augen auf. Tippen Sie dann mit dem Finger auf die betreffende Seite. Dann schauen Sie nach, auf welches Wort Sie getippt haben. Zu diesem Wort sprechen Sie dann spontan eine Minute lang.

Wiederholen Sie die Übung mehrmals mit neuen Stichworten. Durch regelmäßiges Üben mit Tonbandauswertung werden Sie Ihre Fähigkeit zum Stegreifsprechen deutlich verbessern.

10.Vortragen eines Redetextes

Wählen Sie zunächst den Text einer Rede oder einer Präsentation aus. Eine DIN-A4-Seite reicht als Übungstext aus. Lesen Sie zunächst den Text durch und markieren Sie dann die Passagen, die Sie betonen, langsamer oder schneller sprechen wollen. Kennzeichnen Sie zudem kurze und längere Pausen. Nutzen Sie hierfür die Sprechzeichen für Manuskripte auf Seite 54.

Tragen Sie nun den Text vor und lassen Sie ein Tonbandgerät mitlaufen. Dabei können Sie je nach Zielsetzung an einem Tisch sitzen oder an einem Rednerpult stehen. Überprüfen Sie anschließend die Aufzeichnung anhand der Kriterien des dritten Kapitels. Wiederholen Sie diese Übung so oft, bis Sie mit dem Ergebnis zufrieden sind.

11. Kurzgeschichten oder Märchen vorlesen

Lesen Sie kleinen Kindern (oder Ihrem Partner) Märchen oder Kurzgeschichten vor. Dies ist eine außerordentlich wirkungsvolle Übung, um Ihre stimmliche Ausdruckskraft zu trainieren. Gleichzeitig kann es Spaß machen, sich in die Märchenwelt entführen zu lassen.

IV. Komplexe Übungen

12. Simulation von Präsentationen

Der größte Lerneffekt entsteht dann, wenn Sie Ihr Verhalten in Probevorträgen unter realistischen Vorzeichen trainieren. Falls möglich in dem Raum, in dem Ihr Vortrag stattfinden soll. Dies hat den Vorteil, dass Sie auch den gesamten dramaturgischen Ablauf Ihres Auftritts durchspielen können. Falls Lernpartner zur Verfügung stehen, sollten Sie zusätzlich den Umgang mit kritischen Einwänden und Fragen simulieren.

Chancen des Seminarlernens nutzen

Die Teilnahme an Seminaren bietet – hohe pädagogische und inhaltliche Qualitätsstandards vorausgesetzt – eine Reihe zusätzlicher Chancen: Sie erhalten Gelegenheit, unter fachlicher Anleitung beispielsweise praxisbezogene Präsentationen zu simulieren, Neues zu erproben, Erfahrungen mit anderen Teilnehmern auszutauschen sowie durch Feedbackgespräche und Videokontrolle Ihr Selbstbild mit dem Fremdbild zu vergleichen.

9 Fazit

Bei Ihren Vorträgen und Präsentationen wünsche ich Ihnen viele Herausforderungen, die Ihre Begabungen auf die Probe stellen. Möge es Ihnen immer häufiger gelingen, sich auf Ihre Auftritte zu freuen und Lampenfieber als Kraftquelle zu betrachten. Dann haben Sie die beste psychologische Voraussetzung, beim Sprechen vor Publikum „Flow" zu erleben. Das Besondere des Flow-Zustands: Sie sprechen ohne Ängste und Blockaden. Sie treten selbstbewusst und authentisch auf. Sie wissen: Ich habe eine Botschaft, die für das Publikum wichtig ist. Rhetorisches Know-how und Präsentationstechniken dieses Buches helfen Ihnen, die Erwartungen Ihrer Zuhörer zu erfüllen oder gar zu übertreffen. Das Publikum wünscht sich nämlich einen Dialog mit dem Vortragenden und eine hirnfreundliche Präsentation. In jeder Hinsicht.

Leitende Maxime sollte sein, selbstüberzeugt, verständlich und anschaulich zu sprechen. Nutzen Sie dabei plastische Beispiele und Geschichten aus der Erfahrungswelt der Zuhörer. Dies sichert einen kurzweiligen Präsentationsstil und hält die Spannung auf einem hohen Niveau. Schließlich freut sich Ihr Publikum, wenn Sie Ihre Botschaften gekonnt personalisieren und Ihrem Unternehmen dadurch ein freundliches und glaubwürdiges Gesicht geben.

Ich bin mir sicher, dass Ihnen das angebotene Know-how helfen wird, die Qualität Ihrer Präsentationen nachhaltig zu verbessern und Ihre Präsentationstechnik zu Ihrem persönlichen Alleinstellungsmerkmal zu entwickeln.

Eine lange Reihe von Erfolgserlebnissen beim Präsentieren
wünscht Ihnen
Ihr Albert Thiele

> Was sich überhaupt sagen lässt,
> kann man klar und deutlich sagen, und
> über Dinge, über die man nicht sprechen
> kann, muss man schweigen:
>
> Ludwig Wittgenstein

Literatur

Aich, J.: Erfolgsgeheimnis Stimme. Besser sprechen – mehr erreichen. Mit Audio CD. Berlin 2009.

Atkinson, C.: Erzählen statt aufzählen. Neue Wege zur erfolgreichen PowerPoint-Präsentation. Unterschleißheim 2005.

Berndt, J.C.: Die stärkste Marke sind Sie selbst: Schärfen Sie Ihr Profil mit Human Branding. München 2009.

Biehl, B.: Business ist Showbusiness. Wie Topmanager sich vor Publikum inszenieren. Frankfurt 2007.

Bohne, M.: Klopfen gegen Lampenfieber. Reinbek bei Hamburg 2008.

Braam, H.: Die berühmtesten deutschen Gedichte: Auf der Grundlage von 200 Gedichtsammlungen. Stuttgart 2004.

Csikszentmihalyi, M.: Flow. Das Geheimnis des Glücks. Stuttgart 2008.

Duarte, N.: slide:ology oder die Kunst, brillante Präsentationen zu entwickeln. Köln 2009.

Dyckhoff, K.; Westerhausen, T.: Stimme: Das Geheimnis von Charisma. Ausdrucksstark und überzeugend sprechen. Trainingsbuch mit 2 Audio-CDs. Regensburg 2010.

Froeschels, E.: Twentieth Century Speech and Voice Correction. Cambridge 2009.

Gallo, C.: Überzeugen wie Steve Jobs: Das Erfolgsgeheimnis seiner Präsentationen. München 2011.

García, I.: Ich rede. Kommunikationsfallen und wie man sie umgeht. Hamburg 2009.

Gericke, C.: Rhetorik. Die Kunst zu überzeugen und sich durchzusetzen. Berlin 2009.

Handelsblatt Management Bibliothek, Band 6: Die besten Zitate und Aphorismen für Manager. Frankfurt 2005.

Harmann-Ruess, A.: Speak Limbic – Wirkungsvoll präsentieren. Göttingen 2006.

Hüther, G.: Bedienungsanleitung für ein menschliches Gehirn. Göttingen 2008.

Hüther, G.: Die Macht der inneren Bilder. Wie Visionen das Gehirn, den Menschen und die Welt verändern. Göttingen 2010.

Kushner, M.: Erfolgreich präsentieren für Dummies. Bonn 2009.

Leanne, S. u. a.: Sag's wie Obama. Ausstrahlung, Rhetorik und Visionen des neuen US-Präsidenten. Wien 2009.

Managerseminare. Das Weiterbildungsmagazin. Heft 124, Juli 2008.

Mantel, G.: Mut zum Lampenfieber. Mainz 2008.

Minto, B.: Das Prinzip der Pyramide. Ideen klar, verständlich und erfolgreich kommunizieren. München 2005.

Molcho, S.: Körpersprache des Erfolgs. München 2005.

Pfeifer, E.; Schiecke, D.; Simon, K: Microsoft PowerPoint 2010 – Das Handbuch. Unterschleißheim 2011.

Quadflieg, W.: Antoine de Saint-Exupéry: Der kleine Prinz, CD. Universal Music 2000.

Reinke, H.; Kommer, I.; Schiecke, D.: Microsoft PowerPoint 2010 – Das Handbuch. Unterschleißheim 2011.

Reiter, M.: Klardeutsch. Neuro-Rhetorik nicht nur für Manager. München 2010.

Reusch, F.: Der kleine Hey – Die Kunst des Sprechens. Mainz 2007.

Reynolds, G.: ZEN oder die Kunst der Präsentation. München 2008.

Reynolds, G.: ZEN oder die Kunst des Präsentationsdesigns. München 2010.

Rizk-Antonious, R.: Qualitätswahrnehmung aus Kundensicht. Wiesbaden 2002.

Rossie, M.: Sprechertraining. Texte präsentieren in Radio, Fernsehen und vor Publikum – mit CD. Berlin 2007.

Saul, S.: Führen durch Kommunikation. Weinheim, Basel 2012.

Schiecke, D.: Das Ideenbuch für kreative Präsentationen jetzt auch für PowerPoint 2007. Unterscheißheim 2009.

Schiecke, D.: Microsoft Office PowerPoint 2007 – Das Handbuch: Das ganze Softwarewissen. Unterschleißheim 2007.

Schulz von Thun, F.: Miteinander reden 1: Störungen und Klärungen. Allgemeine Psychologie der Kommunikation. Hamburg 2010.

Seifert, J. W.: Visualisieren – Präsentieren – Moderieren. Der Klassiker. Speyer 2011.

Spies, S.: Authentische Körpersprache. Hamburg 2011.

Spitzer, M.: Lernen: Gehirnforschung und die Schule des Lebens. Heidelberg 2006.

Spitzer, M.: Spiegelneuronen. RealVideo aus der BR-alpha-Reihe „Geist und Gehirn". Folge 54. 2008.

Textor, A. M.: Sag es treffender. Sag es auf Deutsch: Ein Handbuch mit über 57 000 Verweisen auf sinnverwandte Wörter und Ausdrücke für den täglichen Gebrauch. Hamburg 2011.

Thiele, A.: Wie Manager überzeugen. Ein Coaching für Ihre externe Kommunikation. Frankfurt a. M. 2005.

Thiele, A.: Argumentieren unter Stress. Frankfurt a. M. 2009.

Thiele, A.: Argumentieren unter Stress. Hörbuch, 2 CDs, 134 Minuten. Frankfurt a. M., New York 2012.

Thiele, A.: Sag es stärker. Das Trainingsprogramm für den verbalen Schlagabtausch. Frankfurt a. M., New York 2012.

Trankovits, L.: Die Obama-Methode. Strategien für die Mediengesellschaft. Frankfurt a. M. 2010.

Ueding, G.: Grundriss der Rhetorik – Geschichte, Technik, Methode. Stuttgart 2005.

Von Trotha, T.: Reden professionell vorbereiten. Regensburg, Düsseldorf, Berlin 2008.

Weidenmann, B.: Gesprächs- und Vortragstechnik. Weinheim, Basel 2006.

Weidenmann, B.: 100 Tipps & Tricks für Pinnwand und Flipchart. Weinheim, Basel 2008.

Weidenmann, B.: Update für Trainer: In 14 Lektionen zur didaktischen Meisterschaft. Bonn 2011.

Will, H.: Vortrag und Präsentation. Für Ihren nächsten Auftritt vor Publikum. Weinheim, Basel 2006.

Zelazny, G.: Das Präsentationsbuch. Wiesbaden 2009.

Abenteuer Sprache

Bitte besuchen Sie uns im Internet: www.dtv.de

So funktioniert Manipulation!

Kevin Dutton
Gehirnflüsterer
Die Fähigkeit, andere zu beeinflussen
ISBN 978-3-423-34764-8

Ständig will uns jemand von irgendetwas überzeugen. Warum fallen wir auf manche Mittel oder Tricks herein, auch wenn wir es eigentlich besser wissen? Welche »psychologischen Keulen« werden eingesetzt, um uns zu manipulieren?

Kevin Dutton zeigt uns mit Humor und Überzeugungskraft die Grenzen unseres Willens und erklärt, wie unser Gehirn, der komplexeste Computer der Welt, funktioniert. Der Autor ist promovierter Psychologe und ein Experte auf dem Gebiet der zwischenmenschlichen Beeinflussung.

»Voller Sprachwitz und Ironie verquirlt Dutton
in jedem Kapitel bunte Geschichten mit
Forschungsergebnissen … Ein aufschlussreiches Buch,
dessen tiefe Relevanz auf der Hand liegt.«
Susanne Billig, Deutschlandradio Kultur

»… wunderbar einleuchtend und mit einer kräftigen
Prise Humor … Davon profitiert jeder Leser, egal,
ob im beruflichen Alltag oder im Privatleben.«
Mark Hübner-Weinhold, Hamburger Abendblatt

Bitte besuchen Sie uns im Internet: www.dtv.de

Entspannung für Körper und Geist

Bitte besuchen Sie uns im Internet: www.dtv.de

Klug mit Gefühlen umgehen

Bitte besuchen Sie uns im Internet: www.dtv.de

Wissen ist die beste Medizin
Gesundheitsratgeber im dtv

Dr. med. Marianne Koch
Das Herz-Buch
Farbig illustriert von J. Mair
ISBN 978-3-423-24870-9
Das Herz-Buch vermittelt genaues medizinisches Wissen über das Herz, seine Gefährdungen und Krankheiten, stellt die neuesten medizintechnischen Verfahren vor, erklärt Herzmedikamente, macht aber auch die Zusammenhänge zwischen Seele und Herz deutlich. Und natürlich zeigt es, wie wir unser Herz schützen und gesund erhalten können.

Die Gesundheit unserer Kinder
Was Sie über ihre körperliche und geistige Entwicklung wissen sollten
ISBN 978-3-423-24588-3

Mein Gesundheitsbuch
Mit zahlreichen farbigen Abbildungen
ISBN 978-3-423-24421-3

Körperintelligenz
Was Sie wissen sollten, um jung zu bleiben
ISBN 978-3-423-24366-7

Tief einatmen!
Eine Entdeckungsreise in den Körper
ISBN 978-3-423-62194-6

Harriet Beinfield
Efrem Korngold
Traditionelle Chinesische Medizin
Grundlagen-Typenlehre-Therapie
Übers. v. S. Schuhmacher
ISBN 978-3-423-34178-3

Gene D. Cohen
Geistige Fitness im Alter
So bleiben Sie vital und kreativ
Mit einem Vorwort von Manfred Spitzer
ISBN 978-3-423-34530-9

Handbuch Autogenes Training
Grundlagen, Technik, Anwendung
Von Bernt Hoffmann
ISBN 978-3-423-36208-5
Dieses systematisch angelegte Handbuch fasst das theoretische und praktische Wissen über das AT übersichtlich zusammen. Alle bewährten Übungen werden ausführlich in ihrer Technik und in ihren Anwendungsmöglichkeiten behandelt.

Harald Karutz
Kursbuch Erste Hilfe
ISBN 978-3-423-34491-3

Bitte besuchen Sie uns im Internet: www.dtv.de

dtv zum Thema Wirtschaft: kompetent und aktuell

Chris Anderson
The Long Tail
Nischenprodukte statt
Massenmarkt
Das Geschäft der Zukunft
Übers. v. M. Bayer und
H. Schlatterer
ISBN 978-3-423-**34531**-6

Christoph Birnbaum
Die Pensionslüge
Warum der Staat seine Zusa-
gen für Beamte nicht einhalten
kann und warum uns das alle
angeht
ISBN 978-3-423-**24926**-3

Clausewitz
Strategie Denken
Hg. v. Boston Consulting
Group
Zentrale und prägnante Texte
von Clausewitz für das heu-
tige Management
ISBN 978-3-423-**34033**-5

Paul Collier
Die unterste Milliarde
Warum die ärmsten Länder
scheitern und was man
dagegen tun kann
Übers. v. R. Seuß u. M. Richter
ISBN 978-3-423-**34629**-0

Asit Datta
Armutszeugnis
Warum heute mehr Menschen
hungern als vor 20 Jahren
ISBN 978-3-423-**24983**-6

Piroschka Dossi
Hype!
Kunst und Geld
ISBN 978-3-423-**24612**-5

Anselm Grün
Jochen Zeitz
Gott, Geld und Gewissen
Mönch und Manager im
Gespräch
ISBN 978-3-423-**34785**-3

Bert Rürup
Dirk Heilmann
Fette Jahre
Warum Deutschland eine
glänzende Zukunft hat
Mit einem Vorwort von Peer
Steinbrück
ISBN 978-3-423-**34782**-2

Sahra Wagenknecht
Freiheit statt Kapitalismus
Über vergessene Ideale, die
Eurokrise und unsere Zukunft
ISBN 978-3-423-**34783**-9

Bitte besuchen Sie uns im Internet: www.dtv.de

dtv zum Thema Wirtschaft:
kompetent und aktuell

Günter Faltin
Kopf schlägt Kapital
Die ganz andere Art, ein
Unternehmen zu gründen
ISBN 978-3-423-34757-0

Jürgen Fuchs
**Das Märchenbuch für
Manager**
Gute-Nacht-Geschichten für
Leitende und Leidende
ISBN 978-3-423-34417-3

Nicola Holzapfel
Der Bürocoach
Die besten Lösungen für
Probleme im Job
ISBN 978-3-423-34598-9

John Kay
Obliquity
Die Kunst des Umwegs oder
Wie man am besten sein Ziel
erreicht
Übers. v. F. Reinhart
ISBN 978-3-423-24830-3

Kai A. Konrad
Holger Zschäpitz
Schulden ohne Sühne?
Was Europas Krise uns
Bürger kostet
ISBN 978-3-423-34733-4

Susan Levermann
**Der entspannte Weg
zum Reichtum**
ISBN 978-3-423-34675-7

Jochen Mai
Die Karriere-Bibel
Definitiv alles, was Sie für
Ihren beruflichen Erfolg
wissen müssen
ISBN 978-3-423-24651-4

Die Büro-Alltags-Bibel
Alle Regeln und Gesetze
für den Job
ISBN 978-3-423-24762-7

Katharina Münk
**Denn sie wissen nicht,
was wir tun**
Was Chefs über ihre Sekretä-
rinnen erfahren sollten
ISBN 978-3-423-34697-9

Érik Orsenna
Weiße Plantagen
Eine Reise durch unsere
globalisierte Welt
Übers. v. A. Gittinger und
U. Goridis
ISBN 978-3-423-34533-0

Bitte besuchen Sie uns im Internet: www.dtv.de

dtv zum Thema Wirtschaft: kompetent und aktuell

Amartya Sen
Ökonomie für den Menschen
Wege zu Gerechtigkeit und
Solidarität in der Marktwirt-
schaft
Übers. v. C. Goldmann
ISBN 978-3-423-**36264**-1

Bodo Schäfer
**Der Weg zur finanziellen
Freiheit**
Die erste Million
ISBN 978-3-423-**34000**-7
Die Gesetze der Gewinner
Erfolg und ein erfülltes Leben
ISBN 978-3-423-**34048**-9

Konrad Stadler
Die Kultur des Veränderns
Führen in Zeiten des Umbruchs
ISBN 978-3-423-**24764**-1

Thomas Strobl
Ohne Schulden läuft nichts
Warum uns Sparsamkeit nicht
reicher, sondern ärmer macht
ISBN 978-3-423-**24831**-0

Don Tapscott
Anthony D. Williams
Wikinomics
Die Revolution im Netz
Übers. v. H. Dierlamm und
U. Schäfer
ISBN 978-3-423-**34564**-4

Nassim Nicholas Taleb
Der Schwarze Schwan
Die Macht höchst unwahr-
scheinlicher Ereignisse
Übers. v. J. Proß-Gill
ISBN 978-3-423-**34596**-5
Der Schwarze Schwan
Konsequenzen aus der Krise
Übers. v. J. Proß-Gill
ISBN 978-3-423-**34734**-1

**Das Wichtigste über
Politik und Wirtschaft**
Von Jeanne Rubner und
Arthur Carlson
ISBN 978-3-423-**34367**-1

Conor Woodman
Bazar statt Börse
Meine Reise zu den Wurzeln
der Wirtschaft
Übers. v. J. Proß-Grill
ISBN 978-3-423-**34696**-2

Steve Wozniak
Gina Smith
iWoz
Wie ich den Personal Compu-
ter erfand und Apple mitbe-
gründete
Übers. v. J. Dubau
ISBN 978-3-423-**34507**-1

Bitte besuchen Sie uns im Internet: www.dtv.de